湛庐CHEERS

与最聪明的人共同进化

HERE COMES EVERYBODY

CHEERS
湛庐

主见

THINK FOR YOURSELF

[美] 维克拉姆·曼沙拉马尼 Vikram Mansharamani 著
陆霓 译

浙江科学技术出版社·杭州

测一测

你了解在AI时代保持独立思考的秘诀吗？

扫码加入书架
领取阅读激励

- 当你做了更多安全措施时，会倾向于做出什么样的行为？（单选题）

  A. 更保守

  B. 更危险

- 阅读以下哪类图书能更有效地帮助我们跳脱固定思维模式，养成自主思考的习惯？（单选题）

  A. 人物传记

  B. 天马行空的小说

  C. 自然科学类学术专著

  D. 商业、经济相关的非虚构作品

扫码获取全部测试题及答案，
一起找回决策主动权

- 我们接触的信息往往是他人筛选过的，这容易影响判断。若要打破僵局，我们需要怎么做？（单选题）

  A. 听取专家建议

  B. 寻求技术支持

  C. 退观全局地思考

  D. 按照规则行事

扫描左侧二维码查看本书更多测试题

推荐序 1

谁在吞噬我们的主见

周涛
电子科技大学教授

《主见》这本书的主旨就是告诉我们如何避免在自己的人生决策中成为旁观者。

即便读完这本书你无法获得答案，这本书依然值得一读，因为书中充满了让人印象深刻的案例，比如艰难而正确的有主见的决策如何挽救丧失动力的飞机、避免可怕的误诊、阻断核电站的爆炸、扼杀正在进行的恐怖袭击、拯救矿难中的被困人群、获取惊人的投资回报……又比如服从权威、听从专家甚至跟从设备提示的被动行为如何导致 228 人死亡的空难，可怕的核爆炸与核泄漏，无谓且痛苦的治疗，错误的商业决策……光是这些例子就让这本书物超所值。

这本书还给出了一些深刻的洞见。因为篇幅原因，我只举两个惊艳的例子，读者还是要通过阅读全书来更好理解。

保持开放和无知，才能收获创造力

作者建议要用好“魔鬼代言人”。魔鬼代言人的任务就是专门为待决议的事项提出反对意见，不管他是否相信自己的观点。比如说一家餐饮公司如果打算通过吸引加盟商开设连锁店来扩大规模，那么在股东会召开时，就需要魔鬼代言人专门就这个战略提反对意见。魔鬼代言人是永远的反对者，尽管很多时候“反对无效”，但他的存在会帮助企业更好地预知风险。和与自己持有不同观点的人交流会避免固有偏见，这我当然是知道的，但看到一个具体且可以实施的方法，还是让我眼前一亮，这个方法至少可以在企业团队中试行起来。

作者认为无知值得珍视。因为一个缺乏经验的人进入全新的领域，面对全新的挑战，往往会有全新的视角，也不会受到僵化思想的束缚，从而更有可能得到具有原创性的解决方案，或者至少是避免常规缺陷的方案。我在瑞士读博士的时候，张翼成曾经告诫我遇到一个好问题后，要先自己努力去做，不要去看太多文献，否则只会在原来工作的基础上修修补补。这本书的观点回应和强化了我从张翼成那里学到的东西，现在我也会对科研团队的新生和年轻老师建议要“少看点文献，对已有理论和方法保持一定程度的无知”。

听从内心的声音，做一个自由的人

作者特别担心我们因为迷信“深”、忽略“广”，而盲目服从专家意见，进而导致做出对我们不利的决策。作者所举的大部分例子都与此相关。在我看来，这多少有点过度焦虑了，因为专家意见大部分情况下针对的还是很具体的问题，这个时候专业性还是重要的。反而是那些对你的人生决策指手画脚的人，往往都不是专家。虽然作者举出了很多生动的例子，但是只要湛庐文化给我 10 000 元，我保证能够找出比作者多一倍的例子来反驳作者的观点。作者特别重视“广”，这点我非常认同，因为广博的知识本身就会让人从容坚韧，能够去抵抗世界本质的荒谬。

作者认为专家不够广，因此决策不一定准确。那么，如果出现了又深又广的新型专家，比如说越来越强的大模型，我们是不是就应该服从呢？我觉得要看问题的类型。人类专家和 AI 专家有一个共同的特点就是，他 / 她 / 它都不是你！如果说问题的边界是清晰的，解决问题所需要的信息是完全的，那么专家的意见很可能比你自己的意见要准确。例如 2 加 2 就是等于 4，你的人生体验不会对此有任何影响。但如果这个问题本身需要处理很多内在的、隐藏的信息，这些信息可能只有你知道或者掌握得更多，那么你的主见可能就会超过专家的意见。比如说你的身体、你的恋情、你的职业选择，尽管专家的意见很重要，但你一定要考虑自己的感受、听从自己内心的声音，千万不要相信“当局者迷”这类说法！

在人生决策中，谁会吞噬你的主见呢？是未来的 AI 智能体吗？我认为不是，AI 智能体归根到底只是一个工具，你大概率不会把要不要复读、要不要继续攻读研究生、要不要结婚、要不要生小孩、要不要为了家庭放弃工作这类事情的决策权交给 AI。我认为，是一些主流价值观在吞噬我们的主见。因为我们想让亲人、朋友和身边的人觉得我们是光鲜、成功、幸福的人，所以吞噬我们主见的不是专家，更不是 AI，而是已经被吞噬主见的那些亲朋好友。他们竭力向你传播主流的观点，希望你做出“大家都认为好”的决策，从而大概率迎来和他们一样灰暗和痛苦的人生。

别听身边的噪声，保持独立思考，做一个自由的人吧！

推荐序 2

六大智慧，在“思考外包”时代找回主见

段伟文
中国社会科学院人工智能研究促进中心研究员

现代社会原本建立在个体的思想独立和理性之上，但在笛卡尔写下“我思故我在”近 400 年之后，人们的自主思考却越来越少。维克拉姆·曼沙拉马尼的《主见》一书以简洁通透的文字揭示了这一时代性的知识悖论：当下的数据泛滥、选择爆炸以及人们对错失完美决策的持续性恐惧，促使“我们将思维、信念和希望外包给那些比我们懂得更多的人，并希冀他们能够指引我们做出最佳选择”，人们因而普遍失去了主见，将自己的思考盲目外包给技术、专家和规则。最近，人们进一步将创意设计、内容创作和论文写作等创造性认知活动外包给大模型，这使本书的现实意义更为凸显。

本书并不是愤世嫉俗的批判性图书，而是帮助人们找回主见的自我认知与实践手册。由第一章开头“最后一个什么都懂的人”到以“让专家与 AI 随时待命，找回主控权”作为结语，全书从你是如何失去主见的、失去主见的后果、做有主见的人的关键、AI 时代最重要的是独立思考这四个层面展开了富

有启发与洞见的剖析和阐述。在人类面临专家和 AI 双重知识权威的当下，本书扮演着改变元认知的启迪者的角色，每位读者都可以从自己的角度探寻找回主见的智慧，重塑自己的认知原力。在我看来，其中有 6 种智慧颇值得玩味。

智慧一，专家可以是刺猬，但你必须做狐狸。在必须依靠专家专业知识的当下，应该认识到由此可能导致的认知短视和专注盲区。书中指出，专家像刺猬一样专注于一个点，在其照亮和聚焦于某方面问题时，可能会遮蔽与遗漏更重要的问题。在你面对复杂的问题和选择时，不应不顾情境、不加分析地“把专家当作取景器，把注意力集中到他们认为重要的事情上”，而必须掌握聚焦的控制权，主动管理你对值得关注的问题的注意力。而要真正做到让专家和 AI 随时待命，可没那么轻巧。从维护个人利益的角度来讲，不论为了避免专业化知识对偏见的放大和强化，还是为了防范“专家的屁股决定其脑袋”，你都必须像狐狸一样，成为善于追寻事物间多种联系并具有系统思维能力的通才。

智慧二，采用三角测量策略，用好“魔鬼代言人”。在信息爆炸愈演愈烈、专业化程度不断加深的当下，为克服知识精深导致的认知狭窄而成为通才，应采用类似三角测量的认知策略，综合多重视角寻求最优解，如人们通常将多个信号源提供的信息进行交叉比对以准确识别信号。三角测量并不是视角越多越好，关键在于能否把握不同视角之间的差异并能洞察它们之间有意义的联系。所谓魔鬼代言人，通常指为了提出反对意见而采取另一种立场的人，在做出重大和有争议的决定时，咨询他们的意见有助于深入思考其他选择的可能性。

智慧三，勇于思考，寻求真正独立的第二意见。通过托丽避免误诊的故事，书中指出，面对关系到自己健康和生命的重大决策时，你必须做自己命运的第一责任人。尤其在被判定为患有复杂的致命疾病等重大问题上，不应盲目依从专家的第一意见，并从这个结论出发得出所谓的第二意见，而应超越现有结论，回到第一性原理，“找到另一个真实、中立而可靠的第二意见”。甚至要勇于质疑专家是在帮助你思考，还是阻碍你思考？请记住：越是复杂的问题，越要掌控自己的决定。

智慧四，走出无意视盲，考虑看似无关紧要的因素。尽管“我们将思维、信念和希望外包给那些比我们懂得更多的人，并希冀他们能够指引我们做出最佳选择”，但“科研人员用研究证实，我们越是专注于某件事，就越有可能忽略其他与该焦点无关的事情，这种现象被称为无意视盲”，我们因而落入过度诊断和引发不必要的治疗等专家意见的盲区。而从认知的角度来看，透过一些看似无关紧要的因素往往有助于洞察事实和预见风险。

智慧五，驾驭无知的力量，“不作为”有时是最好的“作为”。在创新中，对单一目标极度关注，往往会错失扩张时机。在线支付曾不为传统银行家看好等事实表明，“无知值得珍视，有时缺乏某些经验比拥有片面经验更好”。纯净的目光可以促使新手从无知中产生灵感火花，通过识别风险和发现机会来驾驭不确定性。正如铃木俊隆所言：“在初学者的大脑中有很多可能性，而在专家的大脑中却很少。”因此，为了让你的目光纯净如初，你可以认真考虑可能与你现有发展轨迹不一致的职业机会。同时，由于生活中大量的选择涉及的不是单一因素的调控，而是具有高度不确定性和复杂性的系统决策，因此决策的时机尤为重要，有时候相对“不作为”的保守观察是最好的“作为”。

智慧六，掌控技术的焦点，巧用提问的力量。在 AI 时代，我们不仅需要意识到自己的焦点，也需要意识到那些我们选择将思考外包给他们的人的焦点。“面对生活中无处不在的技术，我们必须睁大眼睛，看清楚算法和 AI 对我们焦点实施的微妙、隐蔽而有影响力的管理，从而避免陷入无技术寸步难行的焦点泡沫之中。”一方面，我们可以选择通过未经过滤的信息源来获取信息，以接触各种各样的观点和视角，在一定程度上摆脱信息茧房；另一方面，面对生成式 AI 对人类知识生产和创造力的挑战，我们不要满足于让大模型帮助我们学习和工作，而要重新学会提问。通过不断提问，让机器给出我们需要的输出，在不断质疑中牢牢把握知识自动化生产时代的主控权。

推荐序 3

我思故我在：AI 时代的独立思考指南

檀林
北大汇丰商学院导师、未来实验室首席未来学家

尤瓦尔·赫拉利的警示言犹在耳：未来最危险的不是 AI 超越人类，而是人类主动让渡思考的权利。

在这个算法能预制人生剧本的时代，一场“思考退位”的集体无意识正在上演：创业者把成功学公式当作商业圣经，投资者对着 AI 曲线追涨杀跌，甚至连病床前的生死抉择，都异化为专家意见与数据模型的博弈场。

当 AI 以指数级速度进化，人类面临的真正危机并非技术失控，而是在“算法推荐 + 专家意见”的双重规训中，逐渐丧失对生活的解释权。我们以为在自主选择，实则早已成为人生剧本里的 NPC。那些被大数据精准投喂的“最优解”，正在把我们的大脑驯化为被动接受的信息容器。

是的，AI 淘汰的从来不是努力的人，而是失去思考能力的人。当我们把

注意力交给热搜榜单，把判断力让渡给行业权威，本质上是在复杂系统的迷雾中，亲手折断了独立思考的羽翼。而《主见》这本书，正是为算法浪潮中的清醒者打造的“思考主权”重构手册。

别让选择的洪水，淹没思考的勇气

打开视频平台，收藏夹里的百部电影正在蒙尘；站在超市货架前，几十种酸奶的配料表让人目眩；就连选择人生伴侣，社交软件都能刷出上百个“匹配候选人”。信息爆炸将世界变成巨型选品页，却让我们患上了决策失语症。

作者笔下那个夫妻花 45 分钟选电影，最终潦草收场的场景，像极了现代人的日常：选项越多越陷入“分析瘫痪”，大脑在无数变量间的权衡消耗，比物理劳作更令人疲惫。

经济学家曾鼓吹“选择越多越幸福”，果酱实验却揭穿真相：24 种口味的摊位前顾客驻足不前，6 种口味的购买率竟是 24 种口味的 10 倍。过多选择触发的不是自由，而是认知能量的耗竭。

更致命的是“错失恐惧”（FOMO）的诅咒：线上约会者永远在滑动屏幕，担心错过“更完美的匹配”；基金投资者紧盯分时线，生怕踏空“最佳买点”。这种对“最优解”的执念，将决策异化为永无止境的内耗，最终让我们在疲惫中放弃思考，甘当他人意见的传声筒。

认知偏见的暗箱操作，则让我们的思考更易被操控：医生说“手术生存率 90%”比“死亡率 10%”更让人安心，本质相同的表述却能改写决策；随机转动的数字轮盘，竟能锚定我们对“非洲国家占比”的判断；丢失 100 元的痛苦需要 200 元才能弥补，这种心理让我们更倾向“稳妥”而非理性。当基金经理用“历史收益”锚定期待，当短视频平台用“热门标签”框定视野，我们以为的“自主选择”，早已是被设计好的思维轨迹。

我们手握史上最丰沛的信息，却活得比任何时代都更混沌：刷着热搜学理财，跟着博主选专业，让 AI 代写方案时甚至懒得追问“为何如此”。正如作者所言，不是我们不会思考，而是选择的洪水与信息的噪声，淹没了思考的勇气。

打破迷信专家的死亡螺旋

在选择过载的时代，人们习惯将决策权外包给权威，却往往陷入思维盲区。

专家的判断如同取景器，聚焦重点的同时也可能遮蔽潜力：橄榄球巨星布雷迪曾因体测数据平庸被低估，《哈利·波特》差一点因“篇幅过长”被拒稿，皆因权威视角的局限性。技术工具的便利同样暗藏代价：跟着 GPS 开上飞机跑道的司机，过度依赖自动驾驶导致因操作失误而发生的法航空难，都在警示“工具理性”对人类直觉的吞噬。

死守规则的思维更是会导致系统僵化：车管所因手册未收录老车型数据而拒绝服务，埃博拉防控中因“唯体温论”而漏判密接风险，皆因脱离实际的规则成为进步的绊脚石。法航 AF447 次航班的悲剧堪称经典案例：当飞行员的直觉判断被自动驾驶程序取代，人类最珍贵的情境感知能力便趋于退化。

商业世界同样上演着类似教训：哈拉斯娱乐因深耕老客户而错失亚洲市场，最终破产重组；金沙集团以跨界思维进军中国澳门，借势崛起为行业龙头。心理学研究揭示：专家预测的准确率未必高于普通人，却更容易让人由此陷入“过度自信陷阱”。职场中的“彼得原理”亦指出：在现有岗位出色的专家，未必能胜任更高维度的管理工作，正如优秀的马协裁判未必能应对飓风灾害的应急调度。

破解“专家依赖症”的关键在于培养“例外思维”：倾听建议时追问“是否存在例外情形”，决策前尝试“局外人视角”。《哈利·波特》的成功源于儿童试读的“非专业判断”，新加坡赌场的突破始于跨界思维的破局。**真正的智慧，是在尊重权威的同时，保留对“沉默变量”的敏锐洞察。**

掌握重建思考坐标系的五大关键

在算法与专家编织的信息密网中，独立思考者需要构建属于自己的认知坐标系。这不是简单的“对抗”或“拒绝”，而是学会像导航系统般精准定位：既要有聚焦关键的“探照灯”，也要有俯瞰全局的“卫星地图”，更要掌握筛选信息的“过滤芯片”。书中提出的要做有主见的人的五大关键，正是在复杂系统中锚定思考主权的核心密码。

关键 1：注意力管理，拿好聚焦终极目标的探照灯。

人类的注意力如同手电筒的光束，当它照亮局部时，必然会在周围形成盲区。魔术师阿波罗·罗宾斯便是掌控这种注意力盲区的大师，他通过眼神交流、肢体触碰等方式引导观众的注意力，从而在众目睽睽之下完成扒窃。

这就如同现实生活中，“小心小偷”的警示牌本是为了提醒人们注意财物安全，却反而因引发人们下意识检查财物的动作，暴露了贵重物品的位置。在职场中，过度关注短期任务的细节，就像只盯着手电筒照亮的方寸之地，容易导致对整体目标的认知偏差。

破解之道在于养成“主动变焦”的习惯。我们可以每日预留“新视角观察时间”，定时切换任务，避免思维陷入僵化的窠臼。在决策时，学会追问“谁在定义我的选项”“我忽略了哪些沉默线索”，如同福尔摩斯在破案时关注“看门狗未叫”的异常情况，从被忽视的细节中挖掘关键信息。

在生活中，我们也可以定期进行“逆向提问”：“若这是人生最后一年，我还会做此事吗？”“当前行动对五年后的我意味着什么？”这种时间维度的拉伸，能帮助我们挣脱“可见的紧急”的绑架，将注意力聚焦于真正重要的目标。

关键 2：以终极目标为决策导向，握紧锚定方向的罗盘。

在复杂多变的世界中，若没有终极目标作为指引，我们的决策就如同在茫茫大海中失去航向的船只，随波逐流。以色列航空的安检策略便是以终极目标为导向的典范，他们不局限于单一的安检技术，而是围绕“保障航班安全”这一核心目标，打造了一套全方位、多层次的安全体系。从对乘客的面询观察，到行李的多层筛查，再到反导系统的配备，每一个环节都是为了确保终极目标的实现。

在个人生活中，我们也需要这样的“罗盘”来指引决策。例如，在职业选择上，不要被短期的薪资待遇或职位头衔所迷惑，而应思考这份工作是否与自己长期的职业发展目标相一致。定期进行“目标校准”，将当前的行动与终极目标进行对比，确保每一步都朝着正确的方向前进。就像登山者始终盯着山顶的旗帜，而没有被沿途的荆棘和迷雾干扰，我们也要在生活的重重迷雾中，坚守终极目标，避免因小失大。

关键 3：忽略噪声，学会独立思考，打造过滤信息的净化器。

在信息爆炸的时代，我们每天被海量的信息所包围，就像置身于一个嘈杂的集市，各种声音此起彼伏，试图吸引我们的注意力。金融媒体的喧嚣口号、网络上的流言蜚语、他人的七嘴八舌，这些都可能成为干扰我们思考的噪声。例如，在投资领域，被动投资的逻辑悖论就提醒我们，盲目跟随市场趋势或听从所谓“专家”的建议，可能会让我们忽略自己的投资目标和风险承受能力。

要学会独立思考，就需要为自己打造一台“信息净化器”。

首先，设定信息边界，明确哪些信息是与自己的目标相关的，哪些是无意义的噪声。可以制定一个信息获取的优先级清单，避免在无关紧要的信息上浪费时间和精力。

其次，培养批判性思维，对接收到的信息进行质疑和验证，不轻易相信未经证实的观点。就像戴维·斯温森在管理耶鲁捐赠基金时，不盲目跟随市场潮流，而是通过独立思考提出“资产配置决定 90% 回报”的理念，创造了投资奇迹。

关键 4：综合多重视角寻求解决方案，拓展认知的多棱镜。

单一视角就像透过一根吸管看世界，只能看到有限的风景，而综合多重视角则如同拥有一块多棱镜，能让我们看到更丰富、更立体的世界。在医学领域，科室壁垒常常导致误诊，不同科室的医生只从自己的专业角度看待病情，缺乏整体的系统思维，这便是单一视角的致命缺陷。而在商业领域，乔布斯将书法课程中学到的知识融入电脑设计，创造出史上第一台拥有精美字体的 Mac 电脑，这正是跨学科思维的奇妙之处。

为了突破思维惯性，我们可以尝试以下 3 种练习：

- **“魔鬼代言人法”：**在决策前强迫自己扮演反对者的角色，系统地列举风险漏洞，从相反的角度审视问题。

- **“事前析误法”**：提前模拟失败场景，推演可能的原因，从而提前做好防范措施。
- **“视角转换术”**：每日以不同身份视角重新审视问题，比如“若我是消费者，对这个产品有什么期待”“若我是竞争对手，会如何应对这个策略”，通过换位思考，拓展认知的边界。

关键 5：自主决策，做专家意见的指挥官。

在信息爆炸的现代社会，我们常常需要借助专家意见做决策，但盲目跟从可能让我们陷入被动。专家的知识往往局限于单一领域，就像心脏科医生更习惯用药物解决问题，却可能忽略整体健康；就像作者曾因长期疲劳就医，常规检查未发现问题，直到遇到功能医学医生，通过系统检查发现重金属超标等复杂问题才得以根治。

此外，专家也可能因过度自信或依赖模型而犯错，如法航飞行员因盲从仪器而导致坠机，而萨利机长在引擎双失灵时，结合经验自主决策迫降哈德逊河，从而拯救了全员。

如何避免盲目依赖？肯尼芬框架为我们提供了思路。面对不同情境，需采用不同策略：

- **简单问题（如计算利息、修理漏水）**：直接用专家的成熟方案，高效解决。
- **繁杂问题（如汽车故障、复杂疾病）**：求助专家拆解要素，但要明确需求细节，避免笼统建议。
- **复杂问题（如新兴技术影响、长期健康管理）**：以系统思维整合多领域意见，专家是“素材提供者”，而你是“决策者”。例如功能医学医生通过多维度检查制定方案，而非头痛医头。

- **混乱问题（如突发危机）：**优先稳定局面，再引入专家。如萨利机长先自主迫降，再参考塔台建议，而非死守程序清单。

自主决策的关键在于提问与质疑。面对专家时，要问依据（“结论基于什么数据？”）、问利益（“是否存在利益关联？”）、问情境（“适用于我的情况吗？”），同时警惕专家的结构性偏见。五角大楼倾向军事手段，外交官偏好外交策略，这源于其立场局限。

交叉询问不同领域的专家，能帮我们跳出单一视角。最终，我们要以“终极目标”为核心整合专家意见。就像芬兰前总理阿霍在苏联解体危机中，未因顾问警告而仓促行动，而是冷静评估后选择“不作为”。有时等待也是基于全局的理性决策。

专家是“拼图碎片”，而我们是决定如何拼贴的艺术家。

在本书的最后部分，作者还探讨了我们应该如何避免对 AI 这种新型“专家”的过度依赖，强调人类的勇气和智慧在保持人的自主性方面的重要作用。

在算法之外看见第三种可能

1912 年泰坦尼克号沉没的悲剧，早在 14 年前就被作家摩根·罗伯逊通过《徒劳无功》预言。这并非通灵能力，而是基于航海经验对技术隐患的理性推演。它揭示了一个残酷现实：对权威与技术的盲目信任，本质是用“确定性幻觉”逃避不确定性的生存真相。

未来学家提出的“情景规划”提供了破解之道：**不预测单一未来，而是构建多种“可能剧本”**。荷兰皇家壳牌集团20世纪70年代模拟“石油危机情景”，提前布局应对策略，最终在1973年危机中领先同业。这种思维要求我们为人生准备“应急预案”，而非押注某个“正确答案”。

系统性思维则能穿透复杂表象：美国对牛油果的狂热，竟间接导致墨西哥森林砍伐与帮派冲突；摩天大楼的崛起常伴随金融危机，因二者皆依赖资本泡沫土壤。跨领域的知识连接，往往能催生突破惯性的创新，比如乔布斯在书法课上学到的字体设计，最终成为Mac颠覆行业的关键。

作者在书中告诉我们普通人可从三方面培养在信息爆炸中保持清醒的习惯：

- **反直觉训练**：每日用“如果……会怎样？”句式挑战默认假设；对“理所当然”的观点保持质疑：当专家说“这不可能”时，追问“基于什么假设？哪些因素可能改变？”
- **构建“T型知识结构”**：

  垂直深度：精通本职工作的核心技能（如程序员的算法、医生的诊断能力）。

  水平广度：每月阅读1本非专业书籍（历史、科幻、心理学），参加跨领域活动，积累“无用知识”（这些知识可能在未来意外串联，产生创新）。
- **拥抱“可接受的失败”**：像拳击手泰森那样理解“计划的脆弱性”，提前规划B方案，但保持随机应变的能力。例如，准备应急资金应对失业风险，而非盲目追求“稳定职业”。

敢于拒绝标准答案，才能夺回生活主控权

当 AI 能瞬间生成行业报告，人类的核心竞争力早已从“知识储备”转向“系统洞察”。《主见》揭示的终极隐喻是：AI 是新时代的电力，而人类不能沦为被电流驱动的机器。

当我们把专家和 AI 视为“决策助手”而非“标准答案提供者”时，才能真正夺回对生活的主控权。就像彭博新闻社创始主编马修·温克所说：“通才的优势，在于永远保持对未知的好奇。”

这个时代最珍贵的能力，不是掌握多少“正确答案”，而是拥有追问“为什么”的勇气，以及连接“不相关”的想象力。唯有如此，我们才能在不确定性的浪潮中，既不被权威的潮水淹没，也不被算法的浪花裹挟，真正成为自己思维的主人。

正如笛卡尔“我思故我在”的现代诠释：不是被动接受信息的灌输，而是主动发起对世界的追问，在算法的浪潮中，为自己的人生锚定不可替代的思考坐标。

比知道更重要的，是保持不知道的勇气。这或许就是《主见》留给 AI 时代的终极启示。

THINK
FOR
YOURSELF

目 录

推荐序 1 谁在吞噬我们的主见

周涛
电子科技大学教授

推荐序 2 六大智慧，在“思考外包”时代找回主见

段伟文
中国社会科学院人工智能研究促进中心研究员

推荐序 3 我思故我在：AI 时代的独立思考指南

檀林
北大汇丰商学院导师、未来实验室首席未来学家

引 言 避免在自己的人生决策中成为旁观者 001

第一部分　你是如何失去主见的　011

第 1 章　当我们淹没在信息的洪流中　013

最后一个什么都懂的人　016
专业分工与专业整合　017
从数据洪流到最优解困境　021
选择权越多，下行风险越大　022
选择过载与错失恐惧　026
数据干扰下的注意力管理　032

第 2 章　选择的激增加大了决策的压力　039

当我们被专家占据了注意力　041
当我们被技术改变了思考方式　044
当我们被规则抢占了决策权　049
重新学习独立思考　053

第二部分　失去主见的三大后果　055

第 3 章　后果 1，落入专家意见的盲区　057

有蒙蔽性的专注　059
过度诊断引发不必要的治疗　062
官僚主义导致错误的晋升　066
对单一目标极度关注，错失扩张时机　068
专家意见同样具有局限性　069

第 4 章 后果 2，缺乏系统性思维 075

安全即危险，危险即安全 078

追求健康引发的健康危机 080

误诊带来的创伤后应激障碍 086

超级食物导致意想不到的疾病 089

第 5 章 后果 3，盲目地全盘服从 097

盲从综合征的传播 100

如何避免顶级医生危害你的健康 102

服从等级制度造成的核危机 109

第三部分 做有主见的人的五大关键 117

第 6 章 关键 1，将注意力放在正确的地方 119

魔术师如何控制你的注意力 121

“看门狗没有叫”，被忽略的异常事件 126

谈判情境中的注意力 129

注意力管理的不断迭代 130

公牛队的魔术，注意力管理推动成功 134

第 7 章 关键 2，以终极目标为决策导向 139

“有纪律地不服从” 141

将与目标看似无关的事联系起来 142

聚焦终极目标，才能兼顾事物全貌 147

基于目标的投资方法 149
专注于打赢整个战争，而不只是打赢一场战斗 153

第 8 章 关键 3，忽略噪声，学会独立思考 159

“广告”与“疗效” 162
被动投资的逻辑悖论 164
“我们该怎么办，老板” 168
伟大的突破源自独立思考 171

第 9 章 关键 4，综合多重视角寻求解决方案 175

多重镜头的力量 177
翻转视角，可以得到不同答案 178
随时随地向他人学习 180
打破部门墙 182
像对待自己一样认真对待他人 184
用好“魔鬼代言人” 187

第 10 章 关键 5，自主判断如何使用专家意见 193

借用肯尼芬框架明确自己的处境 196
越是复杂的问题，越要掌控自己的决定 199
让专家随时待命，而不是将他们奉若神明 201
巧用提问的力量 206
警惕“屁股决定脑袋” 210
“不作为”有时是最好的“作为” 211

第四部分 AI 时代最重要的是独立思考 215

第 11 章 跳出专家与 AI 的局限，看到更多的可能性 217

预测是徒劳的，但可以推动我们思考 220
用情景规划法应对未知 222
考虑无关选项 225
虚构情节帮助我们走出固定场景 227
调整关注点，避开琐事 231
分散关注点有助于形成突破性思维 232

第 12 章 追求知识深度与视角广度的平衡 235

培养一流人才的“低能儿收容所” 238
平衡知识的广度和深度 242
“水是什么东西呀” 247
不要浪费无知 252
广度会有一天胜过深度吗 262

结 语 让专家与 AI 随时待命，找回主控权 265
参考文献 271

避免在自己的人生决策中成为旁观者

你已经失去了主见，但你可能并没有意识到这一点。事实上，在日常生活的许多时刻，我们都会失去主见，尤其是在我们把思考外包（outsource our thinking），将自己的思考盲目托付于技术、专家和规则时。

许多场景都体现了以上情况：日常采购时，我们会受到他人建议的影响；在进行关于健康的生死抉择时，我们的依据是专业医疗人士的建议。静下来想想你最近做出的几个决定，然后进一步思考：你为什么要做出这些决定？在做这些决定时，你是否受到技术、专家和规则的影响？

战胜错失恐惧，直面不完美

假设，你的医生注意到你的胆固醇水平偏高，建议你服用他汀类药物。他强调，因为他汀类药物的效用已经在多项研究中得到过反复验证，所以他认识的许多心脏病专家都在服用这种药物。同时，他也向你分享了个人经验，虽然比你年轻，但他近期也已经开始服用他汀类药物了。这时，你会服用这种药物吗？

又如，假设你要驱车前往一个陌生的目的地，你的导航应用为你推荐了一条看起来并不合理的路线，你会怎么办呢？假设一夜暴雪之后，学校停课封校，但导航地图显示学校周围交通拥堵，所以规划了一条看起来更远、更绕的路线作为最快的到达路线。这时，你是否会走导航建议的路线呢？

再如，当你登录自己的养老储蓄账户时，系统在建议你更新资产配置之前弹出了一个问卷，你会如何看待这个问卷调查呢？这份调查显示，基于你的回答所体现的风险偏好，你应该将更多资产配置于股票投资。但目前市场持续走高，金融市场评论员一直在强调调整投资策略的风险。那么，你是否会改变策略？

在上述情况中，你都被要求听从专家或技术的建议。有些时候，这些建议是毋庸置疑的；而在另一些微妙而复杂的情况下，我们的选择就并非总是那么确定。但在某种程度上，无论在上述哪种情况下，你都选择将自己的思考外包出去，你让其他的人或物来为你指引方向。

这是可以理解的。21 世纪的生活充斥着巨大的不确定性和复杂性，数据和选择的爆炸式增长令许多人深陷焦虑之中。对于所有的情况，我们都希望能够有一个最优的决定、一个最佳的选择、一个正确的答案。我们渴求最优解，这源于一种名为“错失恐惧”的心理。这种心理驱使我们认为最优解是存在的，但我们可能会错失它，因此义无反顾地投奔专家和技术的怀抱。虽然这么做本身无可厚非，但由于过度自动化和高频率思考外包，我们的独立思考能力会逐渐退化。

正如我在本书中所展示的那样，管理专家和技术对我们思考的影响，是这个时代最重要和最棘手的挑战之一。想要驾驭现代生活的复杂性并非易事，人们已越来越习惯于将决策权转移给专家、技术和规则。

这同样是可以理解的。毕竟，我们亲自去了解所有事情的成本很高，那么，为什么不去相信那些比我们更了解某个特定领域的人呢？从成本效益的角度来看，人们对专业性的尊重是合乎逻辑的，这种专业性表现为专业人士、专业系统和专业协议。

专家和技术虽然非常好用，甚至可以说是必不可少，但我们也必须防范对专家和技术的盲目推崇。这种盲从会给我们的个人福祉带来不必要的风险，也会限制我们发挥自己真正的潜力，因为专业化往往伴随着狭窄集中的专门化。当我们面对复杂问题时，对我们和我们所依赖的专家来说，这种高度集中和孤立的思维方式都越来越成问题。

做专精的刺猬，还是广博的狐狸

让我们回想一下那个耳熟能详的盲人摸象寓言故事吧。那 6 个摸象的盲人关注焦点各有不同，却没有一个人可以理解整体。每个人都专注于从自己的直接感知中获取信息，包括象腿、象鼻、象尾和象身。“这摸起来像树干，所以这一定是棵树”“这摸起来又长又细又弯，所以这一定是条蛇”“这摸起来坚硬、光滑、尖锐，那还用说吗，这一定是一根长矛”……这 6 个盲人没有一个人想到自己面对的是一头大象。

如果情况愈发复杂，而我们仍越来越依赖于专门化的应对方式，那就会像寓言所述，离正确答案越来越远。纵观历史，专家经常难以理解一些复杂多样、相互关联的现象。那些运用专业知识却形成误判的专家，其学术声望也因此岌岌可危。我们来复盘一下这些误判。经济学家欧文·费雪（Irving Fisher）在 1929 年声称，股市当前已经达到了一个“永久性高位”，人们将迎来一个长期利好的牛市。斯坦福大学生物学家保罗·埃利希（Paul Ehrlich）在其著作《人口爆炸》(*The Population Bomb*) 中悲观地论断：“养活全人类的战斗已经结束了。在 20 世纪 70 年代和 80 年代，会有数亿人因饥荒而死亡。”像这样所谓专家的论断，在历史的实践考验中败下阵来的例子实在多如牛毛。

正如集中的感知方式误导了摸象的盲人，狭窄的思维方式也让专家们忽略了其专业领域之外的发展。费雪的经济逻辑未能完全体现政策对市场动荡加剧的潜在影响，埃利希也低估了绿色革命对农业生产力的极大提高。

我举这些例子并非为了表明专家一文不值，他们在各自的专业领域很有贡献；也并非为了表明那些预测百无一用，它们可以引发众人的思考。在特定的学科领域，高度的专门化和专注化具有无可匹敌的优势。例如，对于那些需要进行脑部手术的病患，一位经验丰富的脑科专家，显然比一位普通的外科医生更让人安心。同样地，对于要在危险地形下开展秘密军事行动的特种部队，服从熟悉战场条件的军事专家和指挥官的指令是最佳选择。

我并非在倡导大家质疑专家、技术或规则本身，但当下，处理相互关联的问题需要系统性思维。问题所在的情境至关重要，它在结构上超出了那些具有专业知识之人的关注范围。我们需要的是情境化的专业知识，这些知识用广度弥补了深度的不足。

专业规范的塑造基于一种文化结构，这种结构主要存在于高等教育系统，它仍然专注于培养具有专门性知识的专家。相互独立的院系设置体现了这种文化，培养出视野狭窄的专家。名校的招生办更容易被那些“拔尖”的申请人吸引，过去旨在培养全面发展型人才的教育方式，如今都得为致力于培养超级明星的培训班让步。这便造就了一大批努力培养孩子的“虎妈”，她们逼迫孩子学习一技之长，以求出类拔萃。现在，那些能够获得精英教育的孩子不是当地城市青年交响乐团的首席，就是百米跨栏和铅球运动的省级冠军。

这样的教育环境催生出一种社会现象，如今一些年轻人从事志愿者服务并非真心为了扶弱济贫或回报社会，而是为了给招生办的负责人留下深刻印象。昔日满怀抱负的有志青年现下都变成了威廉·德雷谢维奇（William Deresiewicz）笔下的“优秀的绵羊”，他们按部就班地获得一个又一个成就，却不知道自己为什么要这么做。群体关注和荣誉表彰掩盖了他们人生的意义和使命，那些未来本该成为佼佼者的孩子不仅被过度引导，而且被误导了。

这里可以用一个贴切的比喻，我们培养出了一代又一代钻研树皮的个体。他们中的许多人对树皮的纹理、沟壑、颜色和质地进行了深入而彻底的研究，却很少有人意识到，树皮仅仅是一棵树最表层的东西；更少有人意识到，这棵树生长在一片森林里。

大约在 2 700 年前，希腊诗人阿尔基洛科斯（Archilochus）提出了另一个恰如其分的比喻：“狐狸知道很多事情，但是刺猬只知道一件大事。”在以赛亚·伯林（Isaiah Berlin）发表于 1953 年的文章《刺猬与狐狸》（*The Hedgehog and The Fox*）中，他对比了“把一切事物汇于一个中心”的刺猬与“追寻万事万物在实际情况中的真实联系”的狐狸，故事讲述的就是，在现实生活中专注于一个点的专才与追寻事物间多种联系的通才的不同。

在伯林的文章发表之后的几十年里，像刺猬这样的专才在学术界、医学界、金融界、法律界和许多其他专业领域都占据了主导地位。在某一方向深耕不辍的专家们储备了深厚的专业知识，统领了其专业所在的特定领域，并且地位不断攀升。一个人要想在事业上有所成就，专注于某一领域是行之有效的方法。人们也会对那些功成名就的专家报以应有的尊重。

然而，正如棒球明星、哲学家尤吉·贝拉（Yogi Berra）所说的，“未来不再如以往那般确定”。在我们的世界中，事物的相互联系日益紧密，看似毫无关联的事件在发展过程中却能迅速而深刻地相互影响。例如，调整利率会迅速影响房价，而房屋交易情况对当地学校的资金来源具有重要影响，因此，干预利率不仅会影响收入和财富的分配，而且会影响包括教育在内的个人发展机会的公平性。制定一个地方性可再生燃料标准可能会对全球的农产品价格造成影响，进而在粮食短缺的非洲地区引发社会动荡。不确定性和模糊性关乎我们的生存，这就要求我们不断对每天发生的事情做出决策。在一个技术爆炸式发展的世界里，狭窄的视野和刻板的解决方案已经不再适用。

深厚的专业知识须辅以广阔的视野，否则，在面对相互矛盾的数据时，人们可能会通过诡辩来证明自己的观点。经济学家艾伦·格林斯潘（Alan Greenspan）① 曾公开承认自己的世界观中存在“一个缺陷”，正是因为学者和严肃经济学家都一致支持有效市场假说，才引发了 2001—2007 年前所未有的美国次贷危机。这场全球性金融危机足以表明，尽管市场在大多数时候可能是有效的，但它们有时也会失效。

有研究强有力地表明，通才更善于驾驭不确定性。宾夕法尼亚大学教授菲利普·泰特洛克（Philip Tetlock）发现，专家在其专业领域进行的预测竟然不如非专家准确。他由此得出结论：在寻求预测的准确性时，最好求助于“伯林所说的狐狸型人物，因为他们博学多识，擅长在各种传统中汲取灵感，并且接受模糊性和矛盾”。当今社会比以往任何时候都更具不确定性和模糊性，依赖于单一视角来观察、理解事物的思维方式似乎已经越来越不利于个体去有效应对问题了。

---

①《格林斯潘传》是《富可敌国》作者塞巴斯蒂安·马拉比（Sebastian Mallaby）的又一部扛鼎之作，聚焦全球经济沙皇格林斯潘的传奇历程，诠释现代金融体系 50 年内在变迁逻辑，是一本帮助商业人士理解和应对经济危机的反思录，一本向普通读者解读货币、财政政策的启蒙书。该书的中文简体字版已由湛庐引进，浙江人民出版社于 2019 年出版。——编者注

未来总是充满不确定性，我们驾驭未来的能力却因关注范围窄化而受损。你越是将视线集中于眼前所见，就越会坚定地相信所见即所得。用心理学术语来说就是，你为自己的信念设下了一个“心锚”，坚定不移地以此为轴心应对一切，却无法灵活地应对形势变化。一个人拥有专业知识就意味着如前文所述那般，容易一心钻研“树皮”，难免陷入“只见树木、不见森林”的窠臼。在充满不确定性的领域中，我相信广阔的视野可能胜于深厚的专业知识。

深耕专业知识的回报率下降对个人、公司甚至国家都有影响。一个全部由专家构成的工作团队可能会在灵活性上有所欠缺，他们需要持续接受培训，以便跟上科学技术的飞速发展。当前，美国教育过度强调职业技能，这令人相当不安。在公司的职业实践中，那些能够熟练掌握各项技能，灵活匹配多种业务需求的员工更具价值。许多具有前瞻性的公司都明确要求员工具备跨界经验。那些在多个地区和岗位工作过，具备基本的统计分析技能、批判性推理能力的专业人士在与其他技能单一的人竞争时，表现得尤为出色。

自主决策，让专家随时待命

在 21 世纪生活并不意味着我们要完全摆脱对专家的依赖。我们可以在深度和广度之间取得平衡，并理解专家指导的局限性。专家的关注点可能聚焦而深入，我们要有的放矢地借助专家和技术。**在专家看来合理的建议未必有利于我们达成自己的最终目标，但我们可以将他们的专业指导和自己的广阔视野结合起来。**

我们必须有意识地整合技术和专家观点。专家的每种观点本质上都是不完整的，只有作为使用者的我们才清楚自己的需求，所以整合的任务只能自己完成。当你将专家提供的素材碎片一块一块地拼贴起来时，请始终记住，每一块碎片都只是整个故事的一小部分。为此，我们必须学会让专家随时待命，而不是将他们的建议奉若圭臬。

当然，我们总会遇到需要思考外包的状况，但这必须是一个有意识的选择，是一个主动和审慎的选择。在此，我强烈推荐你去观看斯坦福大学教授巴巴·希夫（Baba Shiv）的 TED 演讲《有时候放弃“驾驶座”也不错》。这篇演讲十分简短，讲述了他和妻子是如何有意识地将决定权交给医生，由其来处理癌症诊断问题。在观看过程中，请特别关注，他们在思考过程中如何表现出明确的意向性。**参考专家意见或寻求技术支持并没有问题，不经思考而全盘接受他人观点才是最大的问题。**

我们之所以会停止独立思考，原因之一是，我们已经在潜移默化中形成了习惯，依赖别人替我们做出决策。是时候反思这一习惯了。

人们习惯于将自己的思考外包给专家和技术，难道这种习惯性做法就一定是正确的吗？我们需要独立思考，而不是削足适履地接受别人的不恰当建议。

本书旨在让读者意识到思考外包的问题，并为读者提供方法重拾主见。本书不仅会解释我们如何陷入盲目服从的现状，而且会提供摆脱现状的工具和策略。

本书的第一部分是背景，解释了我们如何以及为什么陷入思考外包的困境之中。科学驱动和专业发展带来的知识爆炸是造成困境的基础。在现代社会中，我们不仅面临大量的信息，而且面临大量的选择，从牛仔裤的颜色、款式，到电影的类型、长度和风格，涵盖生活各个方面。这导致人们永无休止地追求最优解，这种 21 世纪的人类通病俗称“错失恐惧”。社交媒体和人工智能算法的广泛应用可能会加剧这种恐惧。人们奔向专家、技术和规则的怀抱，以求得到最优解。

本书的第二部分探讨了思考外包的后果。专家建议的专门化有助于我们减轻决策焦虑，但会导致各行各业的相互隔绝，并且会过分强化专业性在决策过程中的重要性和绝对性。我们习惯于盲目服从专家、技术和规则，对它们产生了一种习得性依赖，独立思考能力在不断衰退。

本书的第三部分提供了一份重拾主见的指南。在让读者意识到思考外包的危害后，这一部分首先提出了元焦点的概念，这一概念强调聚焦关注点的问题。专家的关注点存在局限性，未必能帮助我们实现个性化目标，反而有助于专家自身目标的实现。因此，做出正确决策的关键是独立思考。但是，为了避免自负，并能够对偏差想法进行校正，我们必须学会理解他人的视角，采纳多种观点。如果我们能够接受并承认他人的观点，就更有可能意识到包括自己的观点在内的所有观点都存在固有的局限性。所以，这里的关键是合理运用三角测量策略（triangulate），即综合多个视角以寻求最优解。我们必须保持对自己思考的控制力，合理利用专家和技术的辅助，但不能盲目服从。在当下的社会生活中，很少存在非黑即白的情况，我们需要独立思考和判断，而不是遵循死板的规则。本书提供了一套理论原则和实践策略，可以帮助你扩大视野，重新定位，融合不同领域的技术和专家观点。

第四部分描绘了我们前进的道路。远离网络、自力更生的生活方式已无法适应现代社会。学会接受模糊性，并驾驭无处不在的不确定性，这对过好现代生活来说至关重要。要做到这一点，我们就必须重新培养自己的想象力，代入那些能够体现现代生活不确定性的场景中展开思考。我们还需要更加意识到，自己是否未经思考就进行假设。因此，我们要学会退后一步纵观全局，进而独立思考，在深度与广度之间取得平衡。

THINK
FOR
YOURSELF

第一部分

你是如何失去主见的

随着科技的快速发展，我们经常会感到自己要被海量的信息和选择淹没了。数据的爆炸式增长提升了我们做出最佳决策的概率，但也让我们对自己犯下的低级错误感到更加遗憾，也更加担心错过最佳选择。在寻求最佳选择的过程中，我们直奔那些承诺会帮助我们的人，直奔那些声称比我们更了解某个领域的人。但是，通过求助于专家、技术和规则，我们放弃了对生活的控制，将思考的自主性交给了那些视野狭窄、无法理解整个决策环境的人。

THINK FOR YOURSELF

第 1 章

当我们淹没在信息的洪流中

越多的选择权，
意味着越高的下行风险，
我们需要在心中设置一个信息过滤器。

当我着手准备本书的写作时，我发现自己很难独立思考。可供使用的信息实在是太多了。我盯着面前堆成小山的阅读物出神，它们包括几堆书，7 堆 5 ～ 8 厘米厚的打印资料，3 堆被分类为商业、技术和一般新闻出版物的杂志，以及两堆报纸，这是我为了获取信息，计划每天浏览的资料。尽管我尽了最大的努力不断精简这些资料，但每一周过去，这些资料的厚度似乎都有增无减。事实上，我正被淹没在信息的洪流之中。

过去两个世纪，科学和技术取得的巨大进步让我们被海量信息淹没。数据生成的速度在加快，知识库不断膨胀，我们需要持续不断地努力才能勉强跟上信息增长的速度。根据最新评估，迄今为止，已经有大约 1.35 亿本书问世。仅仅图书的数量就已如此之多，更不要提自 1665 年英国皇家学会的学术期刊《哲学学报》（*Philosophical Transactions*）创刊以来，全世界发表的学术文章已超过 5 000 万篇，并且每天都在增加。不要说想要将这些知识尽数掌握，哪怕只是认为有人能够消化这些知识的一小部分，都是极其荒谬的。

有太多的信息需要处理是一个非常令人痛苦和沮丧的事情。有许多词语可以用来形容这种由信息过载引发的焦虑，包括数据窒息、认知过载、数据洪流，以及信息疲劳综合征等。即便如此，我们也不愿与信息源切断联系。

最新的研究表明，一些人会由于被切断信息源而深感焦虑。在英国最近的一项调查中，45% 的受访者表示，当他们无法登录电子邮箱或社交媒体时，他们会感到无所适从。你是否有过旅居异国，而当地无线数据服务价格却十分昂贵的经历呢？每次遇到这样的情况，我都会焦急地四处寻找 Wi-Fi，以求赶紧联上网。这种离开网络便焦虑万分的心态很不理性，但这种感觉是真实的。我们总是担心自己可能会错过重要信息。无论是接收了太多外界信息，还是根本接收不到信息，我们都会为此感到不知所措。但我们别无选择，这就是 21 世纪的生活，在这种生活中，我们只能被动接收海量信息，否则就有可能被时代抛在身后。

淹没于信息洪流中并非人类自古就有的状态。千百年来，总会出现一些人，他们被人们认为是无所不知的。直到近几百年间的某个时刻，人类对世间万物的洞察和理解越来越深，无所不知成了不可能的事。那么，谁又是最后一位能被称为“万事通”的人呢？

最后一个什么都懂的人

托马斯 · 杨（Thomas Young）可谓是一位强有力的“万事通”候选人，1773 年出生于英国萨默塞特，从小就博览群书。他 21 岁就成了英国皇家学会的成员。英国皇家学会是英国最高科学学术机构，其起源可追溯到 1660 年。托马斯·杨在当时发表了一篇论文，为我们对人类视觉的现代理解奠定了基础。在 30 出头的年纪，托马斯 · 杨就作为一名执业医生发表了一系列演讲，其传记作者安德鲁 · 鲁宾逊（Andrew Robinson）称这些演讲“涵盖了几乎所有已知的科学领域，其见解之高和想法之大胆，从未被超越”。托马斯 · 杨在许多领域中都做出过重要贡献，包括物理学、生理学、工程学、音乐和文献学。他研习了 400 多种语言，这为他破译罗塞塔石碑奠定了基础。他还挑战了牛顿的理论，证明了光的波粒二象性。

在那个人类知识还未开始飞速增长的时代，托马斯·杨就为领导人提供了各种各样的决策建议，包括在伦敦引入煤气灯、用数学方法分析人寿保险的投资风险，以及论证各种行之有效的造船方法。

在托马斯·杨的故事中，我们可以看到知识在广度和深度上的紧张关系。我们深知人的时间和精力有限，所以往往会对那些似乎没有在一个领域深耕，而是涉猎众多领域并做出贡献的人持怀疑态度。托马斯·杨觉察到了社会对于通才的广泛质疑，因此，他大部分的贡献都是匿名发布的。他担心，如果公开自己广泛的兴趣，那他的病人都会逃之夭夭。可见，即使在当时，知识的深度在人们心中也比广度更为重要。

1973年，伦敦科学博物馆策划了一个展览来纪念托马斯·杨的200岁诞辰。策展人指出："托马斯·杨的创造性学习成就所涉及的领域可能比历史上其他任何一个英国人都更广泛，他几乎在自己研究的每一个领域都有所发现。"如此，还会有人对安德鲁·鲁宾逊把托马斯·杨的传记取名为《最后一个什么都懂的人》（*The Last Man Who Knew Everything*）持有异议吗？

专业分工与专业整合

在当今时代，信息的产出类型越来越复杂化和专业化。为了消化新的信息或做出有意义的贡献，具备基础的专业知识变得越来越重要。英国门萨俱乐部的前任主席指出，当今知识的体量巨大，如果你真的想要吃透某个领域，在这个领域发表具有权威性的言论，专业性就十分重要。高度集中地钻研已成为当今学习的主流，随着知识总量的递增，做出新贡献的周期也日益延长。

事实上，科研工作者和创新发明家取得重大突破的平均年龄也在不断增长。美国西北大学的本杰明·琼斯（Benjamin Jones）在一篇题为《年龄与伟大发明》(*Age and Great Invention*)的论文中探讨了诺贝尔奖得主从事开拓性工作的年龄。他发现，对比 20 世纪的初期和末期，诺贝尔奖得主和伟大的创新发明家取得成就的平均年龄提高了 6 岁。琼斯还评估了研究人员在其领域中产出成果的年龄的变化，他发现，在 20 世纪初，研究人员平均在 23 岁时开始产出成果，但在 20 世纪末，这个年龄就推迟到了 31 岁。

那么，这个现象会因为科学家的研究领域不同而产生变化吗？琼斯发现，产出成果的平均年龄在理论研究者和实验研究者之间是存在差异的。概念创新者往往在其年纪较轻时就初露锋芒，而实验创新者则往往会在更成熟的年纪厚积薄发。琼斯解释，对概念性工作来说，实现突破往往需要摒弃对现有范式的模仿和沿袭。当一个人在首次接触某个范式并全盘接纳它之前，他更容易发现其存在的缺陷或可供突破的机会。也就是说，在进行概念研究的早期，研究者更有可能着眼于大局，在看起来相互独立的要素之间找到关联之处。

琼斯在另一个研究项目中发现，创新发明家首次创新的年龄每 10 年增长 0.6 岁。如今的创新发明家在收获其首项创新成果之前，需要在科研积累上花费更多的时间。每项专利的参与人数以每 10 年 17% 的涨幅递增；若以不更换创新项目，始终在单一领域进行深耕为衡量标准，专业化程度则以每 10 年 6% 的涨幅递增。这就说明，当下一项创新成果的问世需要投入更多的人力资源、教育积累和专注度。

另外，科学界也呈现出研究团队规模不断扩大的趋势。据《科学快讯》(*Science Express*)报道，1955—2000 年，每篇科学论文的作者数量从平均 1.9 人增至 3.5 人。这篇报道还发现，多作者的文章被引用的频率更高。另一项研究同样证实了医学团队的规模也在不断扩大。1993—2005 年，医学领域最著名的 5 种期刊中，每篇文章的作者数量从平均 4.66 人增至 5.73 人。

科研领域最顶端的研究是涉及多个国家和数十亿美元研究预算的大规模复

杂科学实验。想要知道在此条件下写出的学术论文要列几个作者姓名吗？屏住呼吸，答案是高达数千人！没错，当今的一些科学实验非常复杂，以至于参与研究的团队规模可以达到数千人。

顶级国际性联合研究基地欧洲粒子物理实验室（CERN）坐落于瑞士，这个实验室配置了耗资 100 亿美元建造的大型强子对撞机，它能通过每秒 10 亿次的碰撞来粉碎质子。2015 年 5 月，该实验室的两个主要合作项目的成员在《物理评论快报》（*Physical Review Letters*）上联合发表了一篇论文。你想知道共同署名的作者数量吗？ 5 154 人！没错，超过了 5 000 人。这篇论文只有 9 页是正文内容，却花了整整 24 页来列出对文章做出贡献的研究者的名字，打破了单篇论文署名作者数量的世界纪录！想象一下，这 5 154 名作者都是在该领域具有权威性的专业研究人员。

如果使用与上述相同的逻辑来分解每个作者在这篇论文中所做贡献的占比，那么每名作者的平均贡献仅占 0.02%。如果我们相信琼斯的发现，即研究团队的规模以每 10 年增长 17% 的速度扩大，那么我们迟早会看到在一篇论文中出现 10 000 名或更多的作者。专业化趋势依然如列车般疾驰前进，短期内没有丝毫减速的迹象。

专业化宛如一个现代的咒语，让我们来看一个在这个咒语加持下脱颖而出的强者——下村修，他在整整 50 年的职业生涯中只专注于一种研究，毕生探索一些水下生物细胞发光的原因。

在托马斯·杨出生 155 年之后，下村修出生于距离托马斯·杨的出生地英国约 9 600 千米的日本。下村修 16 岁时亲历了美国在长崎投下原子弹的历史时刻，那时他家距离爆炸中心只有 24 千米。虽然受到了大量放射性物质的辐射，但他克服重重困难活了下来，并于 1960 年在长崎大学药学院获得有机化学博士学位。之后，下村修搬到普林斯顿大学，并以一种名为维多利亚多管发光水母的生物作为自己的研究对象。这是一种美丽的透明水母，通体散发出淡淡的绿色幽光。下村修着迷于这种水母的生物荧光特性，想了解其原理。很快，他就从水母中分离出了一种水母发光蛋白，并在一篇题为《水晶般的水母荧光素》(*Crystalline Cypridina Luciferin*)的论文中发表了他的早期见解。我不知道读到这儿你有何感想，对我来说，这样的论文标题缺乏吸引力。

在分离并识别出这种特定的水母发光蛋白后，下村修需要更多的蛋白来做进一步的研究。因此，每年夏天，当教学任务较轻时，下村修都会前往华盛顿州的星期五港，那里有大量水母。他说："我们计划在每个夏天收集 5 万只水母，19 个夏天过去了，我们总共收集了 95 万只。"

这里有个难题，下村修分离出的蛋白发出的是蓝光，而维多利亚多管发光水母发出的却是绿光。下村修的后续研究解开了这个谜题。他和同事提取出了这种绿色荧光蛋白，该蛋白能够吸收蓝光并改变自身颜色发出绿光。在随后的几年里，下村修对这种蛋白的化学性质进行了更深入的研究。从 20 世纪 90 年代开始，这种被科学家命名为 GFP 的绿色荧光蛋白在分子生物学的应用领域掀起了一场翻天覆地的变革，研究人员可以将其作用于生物体的细胞之中，通过荧光涂色标记来进行细胞分析。瑞典皇家科学院称，这种蛋白具有"不可思议"的特性，可以"提供通用基因标记，以可视化形式呈现生命系统中无穷无尽的时间和空间过程"。

要想理解 GFP 的革命性意义，我们不妨想想对鲸鱼进行追踪的科研项目。在使用 GPS 追踪器之前，我们无从知晓鲸鱼的行踪。当然，我们也许会在夏天的阿拉斯加看到一头鲸鱼，在冬天的夏威夷附近又看到一头，但它们是同一头鲸鱼吗？如果没有跨越时间和空间追踪特定鲸鱼的能力，我们就根本无法解开这个谜题。附着在细胞上的绿色荧光蛋白就相当于鲸鱼身上携带的 GPS 追踪器，它使科学家能够对生命系统中的特定细胞进行跟踪观察。

在绿色荧光蛋白方面的研究成果让下村修成为 2008 年的诺贝尔化学奖得主之一。瑞典皇家科学院在致辞中称："如果没有下村修的开创性研究……GFP 革命很可能会推迟几十年，甚至直至今日仍然像其他未解之谜一样，隐匿在太平洋深处。"其实，下村修从未打算颠覆生物学领域，他所做研究的专门化程度实在是太高了。正如他自己所说，"我研究的出发点不是任何实际的应用或利益，我只是想了解为什么水母会发光，以及为什么这种水母中提取的特定蛋白具有荧光性"。相比之下，GFP 革命只是附带的成果。

从数据洪流到最优解困境

在当今社会，像下村修那样的专才远远多于像托马斯·杨那样的通才。这是为什么呢？最初是因为我们希望借此应对海量的知识及其越来越快的增长速度，但这其实也是资金导向的结果。**在大多数行业中，人们往往更愿意为专精成果埋单，而非广博的观点。**一个专业的律师、医生或投资银行家的薪酬通常远高于一个通才。人们秉持着一个信念，那就是相信我们不需要通才，仅靠数据洪流即可得到最优解。现在，让我们来谈谈在追求收益最大化的过程中出现的各种各样的选择难题吧。

在人类历史的大部分时间里，资源的稀缺是常态。我们通过战斗争抢短缺的食物，苦苦寻觅庇护之所，甚至为了争夺最理想的配偶而头破血流。为了理解这些行为，经济学这种关于如何分配稀缺资源的研究学科应运而生。18 世纪末，经济学家亚当·斯密提出，利己主义的"看不见的手"能够引导包括工人、商人在内的所有人为整个社会创造最优成果。亚当·斯密的意思是，每个个体都会为了获得最大的满足感而追求自己的目标，并在这样做的过程中，恰好促成了整体上理想的资源配置方式。

亚当·斯密的理论对现实的混乱具有极大的包容性。然而，随着学科的日趋成熟，经济学摒弃了复杂的人际互动因素，转而采用更简单的分析模型。对经济学家来说，人们成了极度理性的快乐最大化的寻求者。我们在这个方向上越走越远，正如美国经济学家和历史学家罗伯特·海尔布罗纳（Robert Heilbroner）所说，每个人都“忙于安排自己的生活，以便将快乐燃料注满精神油箱”。

当今世界是复杂多变的。**我们拥有很多选择，更重要的是，我们知道自己拥有多少选择。**当我们在各种选项之间做出抉择时，会遵循一种力求最优解的人类本能的指引，这也是经济学赖以形成的人性基础。但是，当我们面对不确定性和关联性时，试图找到最优解就是一个巨大的挑战了，而且并不会每次都成功。我们为寻找最优解付出的努力，往往会导致自身陷入分析瘫痪的状况。

选择权越多，
下行风险越大

选择困难存在于我们生活的方方面面，即使是在选择看哪部电影这样本应充满乐趣的事情上，也存在着选择难题。现在，可供选择的家庭娱乐活动确实有了大幅增长。毫无疑问，追求快乐的理性经济人对此感到兴奋不已。曾经有一段时间，家庭娱乐活动仅限于电视上的 5 个频道。但是，随着有线电视基础设施的普及、家庭带宽的增加，家庭娱乐活动的可选范围也扩大了。《电视指南》（*TV Guide*）等周报如雨后春笋般涌现，帮助消费者了解各个频道在什么时候播放什么节目。在那时，电视观众就有几十个频道可选了。

在电视频道不断增加的同时，随着录像机等影音录制设备的发明，我们又有了更多选择，不仅可以观看电视直播，而且可以观看录播的节目。后来，音像出租商店出现了。如果你晚上想看一部电影，在店里，你会找到一个货架接一个货架的可选影片，这些影片看起来除了标题之外没有什么太大区别。你甚至看不到这些电影各自的封面，因为许多商店都用他们店里的封套统一包装影碟。那时，你唯一的希望就是去“本店精选”的货架区域，听从老员工的建议进行选择。这些选择看起来已经足够让人感到压力了，但与接下来我们所要谈论的选择相比，只不过是小巫见大巫。

如今，有线电视公司通常可以提供数百个频道，成千上万的点播电影、节目，甚至广播电台，有一些频道迎合了烹饪、科幻、自然、商业和体育爱好者的兴趣，而且提供标清、高清甚至 3D 效果的视听享受。从奈飞、AppleTV 到迪士尼流媒体平台 Disney+，多个平台的流媒体内容激增，如今的观众有数百万种选择。你只需躺在舒适的沙发上，就能一览人类迄今为止创作的一切电影和电视节目。

然而，这些选择让我们更加快乐了吗？我们真的因此过得更好了吗？

我们并非要评判不同选择的价值。每个个体都有其独特性，当存在更多选择时，我们就更有可能找到最适合自己的东西。常规的经济学逻辑认为，选择越多越好。对许多人来说，这就形成了一个直观的认知：如果额外的可能性不能提高你的幸福感，那就忽略它们，新选择的出现是为了提高满意度。但现实生活中，事实并非总是如此。

我和妻子克里斯汀有个约定，每月至少一次，在孩子们睡着后一起看一场电影。因为只需要动动手指就能找到各种电影，所以我们无须被迫观看电视上当晚播放的特定内容，这让我们感到自己获得了选择权。

然而，事实通常并非如此。无论我们俩谁先抢占了沙发和遥控器，都会先浏览新片，并且选一两部片子观看预告片。一般来说，预告片的平均时长为 3 分钟左右，所以我们约用 6 分钟搜索感兴趣的电影。但假如我的妻子先坐到沙发上，并在我来之前已经看了一两个预告片，我就会坚持重看她已看过的预告片。我不想在未了解她所看内容之前与其辩论该看哪一部电影，毕竟她是一名哈佛法学院毕业生，且毕业后就进入波士顿顶级律所瑞格律师事务所（Ropes & Gray）担任诉讼律师。为了避免和她辩论，我只需要从她感兴趣的几部影片中找一部接着往下看就是了。

我们俩在前 3 个影片选项中就达成一致的概率与买“劲球”（Powerball）彩票中奖的概率差不多。不，甚至这都是一种过于乐观的说法。这种概率更像是在一个七星连珠的月圆之日，我们在“劲球”和“超级百万”两个美国最受欢迎的彩票上双双开出头奖。所以，我们只能不停搜索片子。我们的心中始终有一个执念，那就是一定能找到一部电影，它能完美适配我们当下的心情。难道不是吗？毕竟我们手握如此海量的选择，一定会存在一个完美选项。

我们只能搜索，搜索，再搜索。最终，大约在搜索了 45 分钟之后，我们俩都同意看一部差强人意的电影，它与我们期待的完美影片差距巨大。可由于挑选过程太过漫长，我在电影播放一小时后就精疲力尽，打起了瞌睡。那时，我的妻子会极度生气，因为她感到自己被耍了。

她会说：“我之所以同意看这部电影，是因为我觉得你对这部电影更感兴趣！”半睡半醒之间，我让她切换到她想看的那部电影。

“很好。”

我在 20 世纪 90 年代初与我的妻子相识相知，当时我们都还只是耶鲁大学的本科生，自打那时起我就学会了一件事，“很好”并不真正意味着好。它的意思更类似于“我生你的气了，但我是个有礼貌的人，所以我不告诉你”。那么我该怎么办呢？我先睡了，第二天早上醒来才知道，克里斯汀由于不得不看了半部她并不想看的电影，在切到她想看的电影后，她也在电影播到一半时睡着了。她抱着又气愤又挫败的心情睡了过去，正如大多数已婚人士能够想象的那样，她把那个夜晚过得如此失败的原因全推到了我身上……而不是归咎于提供了数百万个影片选择的互联网和有线电视服务提供商 Xfinity。嗯，我真想知道，是否还有其他夫妻像我们这样，说不定我们还能联合起来提起集体诉讼。

至少在我的例子中，太多的选择并非好事。而越来越多的研究表明，选择本身存在风险，这就是为什么缩小我们关注范围的信息过滤器是如此重要。事实证明，当面对数百袋薯片时，我们通常不会通过计算出哪一袋薯片的大小、味道、形状、价格和健康度最完美，来选出最能带来幸福感的那一袋，而是会因此陷入分析瘫痪状态。我们会开始犹豫，是否可以选择不买薯片。而一旦我们选了一袋薯片，又忍不住想，另一个选择是不是会更好。选择、焦虑和后悔就像 3 个好朋友，总是手拉手出现。

许多实验都证明了上述观点。在最著名的一个实验中，研究人员在一家杂货店用两种不同的展示形式售卖果酱。一个展区提供了 6 种口味的果酱，而另一个展区则提供了 24 种口味。当口味选择更多时，会有更多的购物者停下脚步观望，约有 60% 的人会在路过 24 种口味的果酱展区时拿起一个看看，而在 6 种口味的展区，这一比例仅为 40%。但更多的选择反而容易让人陷入分析瘫痪。在 6 种口味中拿起一罐的人里，有 30% 的人会购买，而在 24 种口味中拿起一罐的人里，这一比例仅为 3%。由于有太多的选择，购物者反而无法从中找到最佳选项，他们的兴趣逐渐淡化，然后面无表情地继续前行了。此外，做出最后选择的 3% 的人还可能会一直怀疑，自己选了并不满意的口味。

这种现象并不仅仅发生在消费者中。在一项实验中，研究人员设置了不同选项，让学生可以通过撰写不同的论文来获取额外的学分。参与实验的学生被分为两组，一组学生有 6 个论文主题可选，另一组则有 30 个主题可选。也许是有太多的主题可选了，后一组中选择完成这项选修作业的学生相较前一组少了 14%。

分析瘫痪还发生在消费和教学以外的领域。也许你会认为，人们在理财时最具理性、最有耐心，但事实上，他们此时也容易陷入分析瘫痪。提供退休储蓄计划的公司通常也会为员工提供一套共同基金计划用于投资，一名研究人员发现，每增加 10 个可选的共同基金投资配置方案，参与该计划的人数就会下降 1.5% ～ 2%。

选择的增加并不意味着人们会更自由或更幸福，过多的选项会让我们的注意力系统负担过重，从而导致焦虑。这就是为什么在动画《辛普森一家》中，超市被称为“巨怪超市”（Monstromart），并且配以这样一句标语：“一个让你感到受尽折磨的购物地狱。”

选择过载与错失恐惧

巴里·施瓦茨（Barry Schwartz）是一位心理学家，其代表理论是选择的悖论。[①]一天，施瓦茨走进一家商店去买牛仔裤。店员问他，关于牛仔裤的版型，是想要紧身、修身、直筒、宽松还是超宽松的；在制作工艺上，是要砂洗、酸洗还是做旧的；是喜欢用拉链的还是纽扣的，水洗的还是原色的，具体又是哪种颜色。

施瓦茨决定全部都试试看。很快，他开始专注于寻找一条完美的牛仔裤，以至于这变成了一个需要投入一整天绞尽脑汁的复杂决定，他被迫投入大量的时间和精力，并在这个过程中产生了大量的自我怀疑、焦虑和恐惧。在这么多可选款式出现之前，消费者也许只能买到自己并不是非常满意的牛仔裤，但至

① 巴里·施瓦茨将来自心理学的洞察力应用在经济学和决策学中，他在《选择的悖论》这本书中以幽默风趣的语言阐述了“为什么选择越多，人们越不幸福”这一现象及其背后的原因。这本书的中文简体字版已由湛庐引进，浙江人民出版社出版。——编者注

少他们能够在 5 分钟之内完成选择。而现在，由于没有一个信息过滤器来缩小注意力范围，施瓦茨在无数选择面前不知所措。施瓦茨当时的困境听起来就像我与妻子在选电影时的情境。

施瓦茨表示，试图做出最佳决策所要花费的成本往往大于收益。他进一步指出，过多的选择也可能会影响我们的心理健康，他说："执着于所有可能的选项只会带来糟糕的结果，引发焦虑、压力和不满情绪，甚至引发抑郁症。"

当我们面对过量的选择时，焦虑就会产生。但当我们的面前一个选择都没有时，焦虑也可能产生，这时候，我们就会想起，自己手中曾经有过近乎无限的选择，并由此开始怀念它们。我们意识到，面对所有的可能性，对于其中大部分选择我们可能连匆匆一瞥的机会都没有，对于另一些选择我们手握主动权却没有珍惜，这种对于错过和失去的恐惧被称为错失恐惧。

如果说信息过载定义了 21 世纪最初的 10 年，选择过载定义了第二个 10 年，我敢打赌，由错失恐惧引发的焦虑很大程度上会定义第三个 10 年。这源于我们互联互通的生活、社交媒体以及我们毫不费力就能获得的过量选择。**我们拥有的选择越多，意识到的选择越多，就越有可能为自己做出的选择感到后悔。**就像我与妻子的观影愁思中出现的情况那样，即使我们可能永远无法找到最佳选择，但它的诱惑永远存在。

更多的选择会不可避免地导致错失恐惧，而我们通过社交媒体、各种通信方式和信息共享平台实现的高度互联互通的生活加剧了这一问题。麻省理工学院的教授雪莉·特克尔（Sherry Turkle）指出，我们总是担心其他地方存在更好的选择，错失恐惧会导致持续性焦虑。在她的著作《重拾交谈：走出永远在线的孤独》（*Reclaiming Conversation: The Power of Talk in a Digital Age*）中，特克尔描述了卡蒂的感受。卡蒂是一名年轻女性，似乎正是错失恐惧的典型代表：在卡蒂和她朋友参加的派对上，总有人在发短信询问其他派对上的朋友，想知道自己参加的是不是最精彩的派对。正如卡蒂所描述的："也许我们可以找到一个更有趣的派对，也许附近街区其他派对上会有更酷的人。"回顾选择爆炸的问题，特克尔得出结论："卡蒂和她的朋友做出的一切决定似乎永远都不能满足他们对最优解的幻想。"

如今，许多人的社交生活都建立在硅谷的"基础设施"之上，这些"基础设施"塑造了我们的行为动机。我们越来越关注自己的行为会在他人心中形成什么样的印象。人们越来越沉溺于虚拟互动，累积点赞变成了一场竞赛。美国有线电视新闻网（CNN）的一份报道描述了渴望加入"100俱乐部"的青少年，这里的"100"意味着他们的一个帖子要收集100个或更多的点赞量。为了收集点赞，人们总能有各种各样的奇思妙想来博人眼球。街头艺术家班克斯用一幅男孩哭泣的画描绘出这种焦灼的网络心态，男孩的头顶盘旋着没有评论、没有点赞、没有关注的符号"阴云"。彼得·辛格（Peter Singer）和埃默森·布鲁金（Emerson Brooking）指出，按照目前的速度，"在美国千禧一代里，平均每人会在其一生中创作26 000张自拍"，其中很多是为了收集点赞。他们接着特别指出："2016年，一名劫机案的受害者达成了千禧一代的终极成就：在飞机上与劫机者进行亡命自拍。"人们是如此疯狂地热衷于收集点赞，以至于在大多数年份里，死于自拍事故的人数超越了死于鲨鱼袭击的人数。

我问过身边的一些年轻人，为什么愿意为了追求点赞而付出生命的代价。他们的解释是：随着发布自拍的人越来越多，点赞的竞争也越来越激烈了。因此，如果你能拍下一些极端疯狂的场景，例如，尽可能贴着飞驰的火车自拍、拿着拉开保险栓的手榴弹自拍、在潘普洛纳的街道上被公牛群追逐时自拍……并发布这些自拍，那么就能收获更多点赞。

你不要以为这些疯狂的行径只出现在年轻人中。2016年，51岁的奥利弗·克拉克（Oliver Clark）为了拍到自己与马丘比丘的完美合照，从大约40米的高处跳下后身亡。事实上，《华盛顿邮报》在一篇报道克拉克之死的文章中指出，在他去世前的 24 小时内，一名韩国游客从位于秘鲁北部亚马孙地区的戈克塔瀑布（Gocta Waterfall）约 500 米的高处坠落。文章还提到了其他自拍事故，包括一名日本游客从泰姬陵的楼梯上失足摔死、黄石公园的游客被野牛群顶伤，以及 7 名男子溺毙于恒河。

商人灵敏地捕捉到了人们对点赞的狂热追求。《华尔街日报》在一篇题为《请为我的旅拍图点赞，我雇了一位摄影师帮忙》的文章中指出，旅拍业态的繁荣迎合了那些致力于在互联网上打造完美人设的群体的需求。除了在旅行中为客户提供换装服务，许多机构还能提供专业打光服务来确保拍出理想的照片。在某些情况下，这些机构甚至可以创造出虚假的情景。文章指出，“从 Instagram 上看，巴厘岛天空之门被如画的风景环绕，倒映在平静的水面上。但那倒影其实并不是水面反射出的，而是由地面上的一面大玻璃反射的”。事实上，玻璃盖在灰色石头马路上，未铺玻璃的路上挤满了等待拍照的游客。

对他人的看法和自我声望的密切关注并不是新鲜事，但它被社交应用程序不断放大、无限加速并极致扭曲成一个新的形态，这些应用强调对社交互动和赞赏的即时的单一量化。人们在当前社交媒体的影响下，更加关注表象而非体验。虚荣是人类的本性，社交媒体为我们的本性提供了即时且令人沉迷的反馈。有医学证据表明，收到即时反馈就像注入多巴胺，这种感觉总会让人们欲罢不能。我们过分关注点赞带来的即时满足感，这使我们无法客观认识社交所带来的快乐。

然而，事先觉察到社交软件的不良影响并不能让我们免受其巨大力量的作用。我本人就曾是集赞行为的受害者。自 2014 年起，我每周撰写一篇关于地缘政治和地缘经济的评论性文章。对我来说，这是一种有趣的方式，能够汇总我对一系列问题的思考，通过将其发布在网上，我与关注同样议题的人们产生连接与互动。但在 2015 年 1 月，我数十位忠实粉丝中的一位说服了我，让我在领英上发表观点。他说：“领英社区会喜欢你的评论性文章，你为什么要让读者在众多网络信息中发现你，而不是在一个成熟社群中分享观点？”

这话听起来很有道理，所以我开始在领英上发表每周评论，阅读量从几十增长到大约 100。2015 年年中，每篇文章的阅读量大概在 1 000 左右，到 2015 年年底，我的读者已增至数万人。领英随之授予我“财经领域头号创作者”的荣誉，这使我在 2016 年度吸引了更多的读者。在那一年里，我的几篇文章收获了数十万浏览量和几千个点赞。很快，我发现自己开始绞尽脑汁思考哪些文章标题更能吸引读者、哪些话题更能收获点赞。结果，我也变成了通过迎合读者获得虚名的“摇尾狗”。原本，我只是想通过写作来帮助自己厘清思路，但现在，写作已经变成收集点赞、迎合他人看法和自我展示的工具。

那么，我做了什么来改变这一切呢？ 2016 年，当我再度斩获领英财经领域头号创作者的荣誉后，我决定不干了。我选择了每月主动为我的文章订阅者写一篇反思性文章，而不是让大众喜好来推动我定期写作。当我不再关注自己的文章获得多少点赞或评论时，我便卸下了写作的负担，重拾了表达的乐趣。

如今，对那些寻觅真爱的人来说，放弃使用社交媒体可能并非明智之举，因为越来越多的恋爱都是发端于线上。社交应用程序有利于约会的整个动态过程的发展，无论是在线上还是在线下，它以多种方式扩展人们的交际圈，从而建立具体且意义非凡的关系，让求爱之路便捷许多。和普通的虚拟线上交友不同，当两人的恋爱关系确立时，他们的关系便不再是虚拟的了。如果不使用线上约会应用程序，在很大程度上，我们偶遇自己感兴趣对象的场景只能局限于眼前的朋友圈、职场或当地酒吧。

让我们来看看现实的情况：许多美国人通过朋友介绍的方式来认识他们的另一半。2012 年的一项研究表明，大约 30% 的夫妇是以这种方式认识的，这是第二次世界大战后人们发展恋情的主要途径。另一种遇到潜在配偶的主要方式是借助工作之便，这一现象从 20 世纪 60 年代女性大量进入职场开始。但自

20 世纪 90 年代以来，通过工作关系转为伴侣关系的夫妻数量一直在下降。

考虑到选择人生伴侣的重要性，上述数据实际上令人相当震惊。为什么这么说呢？正如在线评论员蒂姆·厄本（Tim Urban）在网站 Wait but Why 上所谈，选择人生伴侣是一项重大的承诺，不应随意做决定。事实上，厄本说，这个选择的真正意义在于找到“和你齐心协力育儿的队友、分享约 2 万顿美食的饭搭子、共度约 100 次假期的旅伴、下班和退休后最主要的朋友、专属的心灵治疗师，以及一个你会听到和提起约 18 000 次的人”。厄本总结道：“所以，选择人生伴侣是迄今为止生活中最重要的事情。”

然而，社会舆论似乎倾向于污名化社交软件提供的这种便于扩大人脉圈以寻求更多未来伴侣备选项的方式。厄本指出，直到现在，大多数人仍然羞于承认他们是在交友软件上找到另一半的，相反，“认识伴侣的体面方式应该是随缘，在生活场景中随机偶遇，或是在生活的小圈子中被相互介绍给对方”。他指出，这种观点只会让你难寻真爱。厄本认为，一个显而易见的结论是，“每个努力寻找人生伴侣的人，都应该尝试大量的在线交友、快速配对和其他通过系统匹配来增加候选人的方式”。

尽管上述逻辑听起来合情合理，但也存在一些问题。虽然社交软件能够让我们不再将目光局限于眼前的社交环境中，但过多的潜在匹配对象也会令人眼花缭乱，让我们在寻求最优解的过程中感到焦虑。这种倾向会让我们对伴侣产生不满情绪，认为一定存在更完美的对象。

在寻求最优解的过程中，我们总会轻易放弃“还不错的”，努力寻找“更好的”。这么做的结果就是产生更深的焦虑、更多的困惑，以及更多的对人际关系中琐碎问题的不适。正如一名交友软件用户所说：“这简直让人头昏脑胀……有那么多的潜在对象，我该选哪一个？”而另一名用户则坦言：“我有时会担心，我一生的挚爱使用的是另一款交友软件。”

事实上，一些关于线上约会的研究证实了上述情况。一项研究发现，通过网络结识的夫妻离婚的可能性是那些在现实生活中结识的夫妻的3倍。这可能源于前文所述的在线约会魔咒，即“是否还有更理想对象”的焦虑。阿齐兹·安萨里（Aziz Ansari）在其畅销书《现代浪漫》（*Modern Romance*）和《纽约时报》专栏中，通过很多案例探讨了在线约会带来的选择焦虑和错失恐惧。

数据干扰下的注意力管理

人们用起手机来是如此专注，以至于危及生命安全。据《每日邮报》报道，43%的英国年轻人在看手机时撞到了人或物。而日本的情况更糟糕，一家手机运营商通过发布公益广告来警告人们不要在步行时使用智能手机。这则广告指出，66%的行人在使用智能手机时会撞到另一个人，而3.6%的行人会因为边走边发信息而从火车站台上摔下去。

这种与手机“难舍难分”的情况不仅危及人们的生命安全，而且将负责公共安全的人员置于危险之中。2019年4月，美国国家安全委员会（National Security Council）和应急响应安全研究所（Emergency Responder Safety Institute）的一项研究发现，71%的司机在看到事故发生时会拍照或录像，其中16%的司机承认，他们在这个过程中甚至直接撞上了事故现场的急救员。同一项调查显示，当路过一个交通拥堵的事故现场时，60%的司机可能出于收获点赞的目的，会记录事故并将视频发布到社交媒体上，而66%的司机则会发送电子邮件与人分享。随时保持通信畅通和网络在线的需求正威胁着我们和周围人的生命，但我们依然如故。

即使你只是想尝试偶尔断联，以求在排山倒海的信息浪潮中松一口气，也会因此承受更大的社会压力。在现代生活中，人们不信任那些不常在社交媒体上自我展示的人。正如叶夫根尼·莫罗佐夫（Evgeny Morozov）所指出的，媒体总在暗示，如果不能在网上搜到你的个人信息，那么你就是一个和现代生活格格不入的怪人，或是有见不得人的事情需要遮掩。如此，你可能会因为不想接收通知而被整个社会排斥。

然而，当我们被突如其来的通知提醒干扰而分心时，我们的境况只会更加糟糕。卡尔·纽波特（Cal Newport）[①] 在《深度工作：如何有效使用每一点脑力》（*Deep Work: Rules for Focused Success in a Distracted World*）一书中指出，面对一项对认知要求很高、需要长时间投入专注度的任务，如果我们不断受到干扰，就无法进入深度工作的状态。但不幸的是，我们当前所处的职场环境需要人们保持沟通，这就使员工陷入了矛盾的境地。每个员工平均每周会收到 300 多封电子邮件，需要每小时查看邮件 36 次，在处理新邮件后，需要花费 16 分钟重新将注意力聚焦到原先的任务上。此外，员工平均每天被打断工作 56 次，每小时切换 20 次任务，每天花两小时从分心中回过神来。

正如约书亚·罗斯曼（Joshua Rothman）2015 年在《纽约客》杂志上发表的《分心的新理论》（*A New Theory of Distraction*）所述，在现代社会中，分心其实是一种普遍的技能。我们可以将分心视为一种维护控制权的方式，也就是说，通过这种方式，无论是在谈话、看电影时，还是在街上散步时，我们都可以从可能困住我们的情境中重新获得自主权。但分心也有坏处，一项来自 2013 年伦敦国王学院精神病学研究所的研究称，表现为不断使用电子邮件和其他社交媒体等行为的“失控的信息强迫症”会导致研究参与者的智商暂时下降 10%，这是吸食大麻者的两倍！

① 卡尔·纽波特致力于破解工作和学习领域的成功模式。他在《优秀到不能被忽视》一书中提出关于人生和职场的四大规则，是写给每一个职场人的“醒脑剂”，也是在“鸡汤”和“鸡血”盛行之下对工作和人生的深度思考和探寻。这本书的中文简体字版已由湛庐引进，北京联合出版社于 2016 年出版。——编者注

选择过多会催生悔恨感，这与一些经济学家对人类行为的理解完全相反。在现实生活中，人类无法像一些经济学家认为的那样，如同机器人一般追求理性和效用最大化。事实上，我们一直都是非理性的，也正因如此，行为决策学家始终在努力理解人类是如何思考的，阿莫斯·特沃斯基（Amos Tversky）①和丹尼尔·卡尼曼（Daniel Kahneman）②就是其中的代表人物。

卡尼曼和特沃斯基的研究发现了一个具有启发性的现象：选择的呈现方式会影响我们的决定。卡尼曼在其著作《思考，快与慢》（*Thinking: Fast and Slow*）中也描述了这种“框架效应”。相关研究对这个观点做出了佐证，例如，研究人员发现，受试者对标记为“含瘦肉量 75%”的肉的评价普遍高于“含肥肉量 25%”的肉。框架效应会对生活各个方面产生影响，包括器官捐赠和药物治疗。例如，如果在一个国家中，人们必须在意向同意书的方框内勾选同意后才能成为器官捐献者，那就只有 4% ～ 28% 的人会勾选，从而成为捐献者；与之相反，如果同意书上的选项是勾选方框以放弃捐献，则会有 86% ～ 100% 的人成为捐献者。这就是框架效应的影响。

在医学上，医生更倾向于选择用生存率而非死亡率来表示疗法的疗效。在一项实验中，医生以不同方式获知了对肺癌患者分别进行手术和放疗的预后信息。当医生获知，如果进行手术，“术后一个月内存活率为 90%”，84% 的医生就会选择手术而不是放射疗法。相反，当他们获知手术后“一个月内死亡率为 10%”时，只有 50% 的人支持手术。两个选项在本质上是完全一致的，但

① 《特沃斯基精要》是丹尼尔·卡尼曼最重要的学术搭档、行为经济学奠基人阿莫斯·特沃斯基的精华之作，他毕生致力于描述人类思维会以怎样的方式违背理性规则。该书的中文简体字版已由湛庐引进，浙江教育出版社于 2022 年出版。——编者注

② 丹尼尔·卡尼曼把心理学研究和经济学研究结合在一起，他与奥利维耶·西博尼（Olivier Sibony）、卡斯·R. 桑斯坦（Cass R. Sunstein）合著的《噪声：人类判断的缺陷》通过系统性研究，通过两个公式揭开了“判断出错”的本质，并提出了六大原则，帮助决策者重塑决策框架。该书的中文简体字版已由湛庐引进，浙江教育出版社于 2021 年出版。——编者注

框架效应极大影响了专家医生的决定。

正如我们在这些案例中看到的，框架制定者限定了人们的视角，从而引导人们做出特定的选择。卡尼曼解释道："医生，或许还有总统顾问，可以通过不歪曲、不隐瞒事实，仅仅对结果和意外的描述进行架构的方式，来影响患者或总统做出决定。"在一个选择过多的世界里，我们绝望地举手投降，希望有人能提出一些权威的优化策略，帮助我们框定选择范围。

卡尼曼和特沃斯基的研究还呈现了人们如何锚定与目标不相关的数字，进而产生决策偏差。在一个实验中，研究人员在观众面前旋转数字轮盘，大声朗读随机选出的数字。然后，他们向听众提问非洲国家在联合国成员国中的占比。结果表明，听众的猜测倾向于围绕轮盘随机选择的数字，尽管他们知道这与被问的问题无关。例如，如果随机数是 10，那么听众猜测答案的中位数是 25%；如果随机数为 45，那么听众猜测答案的中位数也会相应增长为 65%。**人们倾向于从自己的所见所闻中获取信息，即使这些信息与他们要解决的问题完全无关。**这种能够混淆我们决策的现象就是"锚定效应"。

锚定效应说明了管理焦点过程中存在的风险。无论我们视野中的基准线是什么，即使我们理性地知道不应该受它限制，但它仍会深刻地影响我们的最终选择。当获得新的信息时，我们会在某一基准线上上下浮动以便理解接纳新信息。但心理学家的研究表明，我们的调整是有限的。如果有人问我们全球人均 GDP 是高于还是低于 10 万美元，即使我们收到的信息进一步表明，答案接近 1.2 万美元，我们也很难从最初心中预设的高基准线向下调整。因此，我们如何设定基准线决定了我们如何认知某事某物的高低、好坏，这些认知会推动我们做出选择。因此，那些我们向其寻求帮助或指引的人能够对我们做出的选择发挥极其重大的影响。

焦点管理者还利用了另一个认知偏见，那就是"损失厌恶"。在比较结果时，人们从损失中感受的痛苦比从同等收益中感受的快乐要多。正如卡尼曼、杰克·尼奇（Jack Knetsch）和理查德·塞勒（Richard Thaler）所指出的，在掷硬币赌博中，人们通常需要拥有赢得 200 美元的可能性，才能接受 100 美元的潜在损失。经济学家认为这种行为是非理性的。

为了利用这些认知偏见，我经常在课程开始时告诉学生，班上所有人目前的成绩都是 A。然后我告诉他们，除非在每项作业上都表现出色，为每节课做好准备，并积极参与课堂讨论，否则他们将失去这个 A。虽然我的偏见样本很小，但我的技巧似乎奏效了，大多数学生都保持了良好的成绩。虽然我无法回答框架效应是否发挥了重要作用，但我确实发现，与我在使用这种方法前相比，学生表现得更加投入。

归根结底，人类并不能够像某些决策模型所假设的那样理性。事实上，现代人与理性经济人在许多方面都存在不同，但最明显的区别在于我们如何做出选择。**通过进化形成的“认知拐杖”能够帮助我们又快又准地做出选择，但如果盲目遵循这种方法，我们也可能会被误导。**

诺贝尔奖得主赫伯特·西蒙（Herbert Simon）指出，人类受限于“有限理性”，即我们的优化能力受到以下因素的限制：所掌握的信息、计算权衡的能力，以及做出决定的有限时间。在这些现实因素的制约下，达成绝对优化是几乎不可能的；然而，即便完美决策是不可实现的愿望，人们对它的追求也有增无减，由此造成了广泛的决策困境。西蒙的解决方案很简单：我们应该学会“知足”，而不是“永无止境”，这意味着即使可能会有更好的选择，我们也应该做出“足够好”的选择来满足自己的需求。在后文讨论基于目标的投资时，我们将会继续展开探讨。

选项的激增似乎并没有增强我们的满足感；相反，它似乎让我们更加焦虑、麻痹和悔恨。选择已经从一种对偏好的表达变成一场充满焦虑的戏剧，在这场戏剧中，即使是微不足道的选择，也会催生怀疑和遗憾。由此，这种选择悖论也推动了人们的需求，希望寻求解药以缓解痛苦。

我们为什么愿意将自己的决策过程外包给那些声称可以引导我们从海量数据中抓取最佳选择的人？**我们拥有无限选择，本应牢牢掌握决策权，这却导致我们更加依赖他人。**这样一来，我们就放弃了一部分控制权。

THINK FOR YOURSELF

我们是如何失去主见的

- 在大多数行业中，人们往往更愿意为专精成果埋单，而非广博的观点。
- 选择的增加并不意味人们会更自由或更幸福，过多的选项会让我们的注意力系统负担过重，从而导致焦虑。
- 我们拥有的选择越多，意识到的选择越多，就越有可能为自己做出的选择感到后悔。
- 人们倾向于从自己的所见所闻中获取信息，即使这些信息与他们要解决的问题完全无关。
- 认知拐杖能够帮助我们又快又准地做出选择，但如果盲目遵循这种方法，我们也可能会被误导。

THINK FOR YOURSELF

第 2 章

选择的激增
加大了决策的压力

当我们将决策权让渡给他人时，
相当于主动忽略了某些发展的可能性。

我们一直在努力优化，这常常使我们认识到试图了解一切的成本很高、困难很大。那我们该怎么办？很多人一头扎进了专家、技术和规则的怀抱，这些都提供了拯救的可能性。我们经常听从医生、律师这些专家的意见，因为他们有专业知识。尽管不那么引人注目，但技术中嵌入的专业知识使算法能够像人一样引导我们的思维。最后，还有规则这种扩展的专业知识，它们被用来控制组织成员的思维和行为。接下来，让我们来探讨这三种形式的专业知识，以及它们如何影响我们的生活。

当我们被专家占据了注意力

我们总是把专家当作取景器，把注意力集中到他们认为重要的事情上。这些人通过取得学位和执照来获得权威性，比如拥有医学博士学位的医生、拥有商用飞行驾驶执照的飞行员，他们还有可能通过社会声望获得类似的权威性。通过将决策过程外包给他们，我们心甘情愿让他们来划定我们的视野，对他们遗漏的东西视而不见。我们让他们来架构我们的决定，甚至许多人对此毫无所觉，盲目地遵循他们的指导。我们至少应该思考，最好能够询问，还有哪些变量值得考虑。

第 199 名新秀

汤姆·布雷迪（Tom Brady）曾是新英格兰爱国者队（New England Patriots）的超级明星，体育作家和评论员经常称其为有史以来最伟大的四分卫。他参加过很多次超级碗比赛，多次获得美国国家橄榄球联盟（NFL）“最有价值球员”和超级碗“最有价值球员”头衔，并打破了多项联盟记录。我的孩子就是在周日橄榄球赛的陪伴下逐渐长大的，这是一种随意但令人愉快的消遣，但每当布雷迪上场时，孩子们几乎都会目不转睛地守在电视机前。若要用一个例子来说明布雷迪有多成功，那就是孩子们从小就期望每年都能在超级碗比赛中看到布雷迪，而在大多数年份里，他们的期待都能成真。

然而，布雷迪并非历来如此耀眼。

各种各样的人才鉴定专家都曾认为，布雷迪不具备在 NFL 中取得成功的条件，教练、助教、球探和体育媒体分析师都对这个年轻人视若无睹。因此，新英格兰爱国者队签下他的那一年，布雷迪是 NFL 选秀中的第 199 名。在选秀过程中，大部分人的注意力都集中在前 25 名，因为这个段位往往代表了当年进入联盟的最有前途的人才。布雷迪在冷板凳上坐了一年，直到队友的伤病给了他上场的机会。而正是这一简单的事件，使他迅速成为最成功、最有成就的职业橄榄球运动员之一。

布雷迪曾被很多球队拒绝，这些球队由专业人士管理，按理说，他们应该能够认识到将布雷迪纳入麾下的好处。他们怎么会错失这只潜力股呢？是因为过于关注专家意见吗？事实上，在体育界，过度依赖专家的判断是一个普遍问题，因为许多团队会依据算法和专业球探提供的看似客观的数据来评估运动员的潜力。

NFL 新秀训练营采用一组计时和计分的体测项目，“通过标准化的训练和测量，将运动员置于一个公平的测评系统中”。他们以身高、体重、手的大小、臂长等数据评估运动员的身体指标，然后将这些指标和运动表现结合起来并以数据形式呈现，比如通过 40 码（约 36.6 米）冲刺来测试速度，通过垂直起跳来测试跳跃能力等。布雷迪的身体指标平平无奇，而且他的运动表现着实令人大跌眼镜。在 2000 年度的 NFL 新秀训练营中，布雷迪的垂直起跳成绩排名倒数第一，40 码冲刺排名倒数第二。

专家们按 0 ～ 100 分计分，汇总每名运动员的各项得分。布雷迪的身高得分为 45，速度得分为 0，敏捷度得分为 33，反应度得分为 19。负责评估球员潜力的专业评委们一致认为：布雷迪不具备在 NFL 取得成功的条件。总之，在 NFL 新秀训练营中，布雷迪在 100 分中只拿到了 12 分，被定为 F 级。哎呀，这可真糟糕。

被拒绝的“火焰杯”

J. K. 罗琳（J. K. Rowling）创造了哈利·波特的魔法世界，系列丛书已经卖出了数亿册，影视化作品获得了数十亿美元的票房，创作元素也成为几个最受欢迎的主题公园的灵感来源。不难理解，《哈利·波特》系列成为人类传播史上最赚钱的故事。粗略估算，该系列的相关收入高达 200 亿美元，这一切使罗琳这位曾经无家可归的作家成了亿万富翁。

然而，哈利、罗恩、赫敏、伏地魔和其他角色的精彩故事差点儿就被埋没。这是为什么呢？因为在所有初次读到这个故事的专家眼中，它太过冗长，他们认为孩子没有足够的专注力来读完这个故事。罗琳在投稿之路上屡屡遭拒，后来她将希望寄托在一个名为克里斯托弗·利特尔（Christopher Little）的文学经纪人身上。她之所以选择利特尔，是因为她觉得这个名字听起来像儿童读物中的角色。一名利特尔的助手在给罗琳写退稿信时，她被书中的插图打动，继而促成了经纪公司代理罗琳的书稿。

此后，出版商原先发给罗琳的退稿信开始发给利特尔的公司。利特尔走投无路，只能运用自己的人脉向布卢姆斯伯里出版公司（Bloomsbury Publishing Plc）董事长奈杰尔·牛顿（Nigel Newton）寻求帮助，情况这才开始好转。正如阿伦·威尔伯恩（Aren Wilborn）在美国讽刺网站 Cracked 上指出的那样，“牛顿做了其他儿童图书出版商从未想到的事情，那就是把书交给一个真正的孩子试读”。牛顿将《哈利·波特》的手稿交给了他 8 岁的女儿，女儿在几个小时内就读完了，并要求读后续内容。牛顿从中嗅到了一线商机，他向罗琳支付了一笔名义上的预付款，并将首期发行量定为 500 本。这个例子并不是要佐证专家的判断力，因为牛顿没有洞察到《哈利·波特》会成为有史以来最畅销的丛书之一。

后来的事尽人皆知，虽然《哈利·波特》系列的成绩确实令人瞩目，但同样令人震惊的是，几乎所有专家都错过了如此轰动的成功。按照常理来说，文学专家作为在识别和培养人才方面极富技能和经验的人，应当能够看到一个故事的潜力，即使速度不快，也应对其进行开发和推广。然而，事实并非如此。

当我们被技术改变了思考方式

除了依赖专家，我们还将决策外包给技术。**如果过度依赖技术产品，我们就可能会被内嵌于产品中的算法牵着鼻子走。**技术系统无法独立思考，也无法反复检查某些事是否有意义。

即使我们没有意识到，技术也会不断决定什么东西能够进入我们的视野，为我们的决策制定框架。诚然，我们也可以通过其他方式进行决策，但这会占用我们原本就稀缺的时间。一项关于谷歌搜索的研究显示，90% 的点击操作发生在搜索页面的第一页，5% 来自第二页，而只有 1% 来自第三页。有 33% 的搜索者只会点击第一页的第一个结果。我们先不谈时间因素，这里最根本的问题是，我们经常忘记这些技术手段带来的焦点管理过程具有颠覆性。

“请勿使用谷歌地图导航”

导航软件中出现的小错误可能会导致意外，这就凸显了盲目依赖算法的缺陷。GPS 导航系统让我们的注意力从眼前正在行进的真实道路上移开，有时这可能会带来灾难性后果。

2008 年，一辆载着加菲尔德高中垒球队的巴士在西雅图撞上了一座人行天桥，21 个孩子被送往医院，所幸他们只受了轻伤。司机的 GPS 导航系统指引他开到桥下，但桥的高度太低，不足以让一辆巴士通过。难道这位司机在开近这座天桥时，没有发现这个问题吗？一个可能的原因是司机将他的决策外包给了技术。算法给了他一个导航路线，所以他没有考虑桥的高度问题。在 GPS 里，也确实有这么一个“巴士路线”选项……

这位司机和巴士公司都未考虑过系统误导的可能性。巴士公司总裁说：“我们只是认为这是一条安全的路线，否则他们为什么要设置一个巴士路线呢？”正是这种为巴士设置的路线给了人们一种虚假的安全感。

相似的情况发生在 2013 年的阿拉斯加，苹果地图将司机导航到了费尔班克斯国际机场的一条运行中的飞机跑道。司机并没有注意到路过的一个个警戒路标，也无视了自己身处机场的事实，一直聚精会神地听从导航提示的前行路线。为了防止灾难发生，保障生命安全，机场工作人员在发现情况后迅速设置路障，以防止更多同样将决策外包给导航引发的盲目而危险的行为。

在我最喜欢的一个关于 GPS 控制人们注意力的例子中，一名男子驾驶他的货车在一条被当地人称为“光荣的山羊之路”的徒步小径上前行，直到导航系统通知他应该调头。那时他正卡在半山腰上，无法调头。救援人员只好派出一架重型直升机去营救他，并将货车从这条小道上吊走。显然，如果他在驾驶时能够看看窗外的路况，而不是完全听信算法形成的导航路线，他会更有成效。

盲目依赖技术会让我们误入歧途。为了避免让你认为这只是存在于美国的问题，我便再和你分享一段我在南非的经历。我应邀在约翰内斯堡向广大听众发表演讲，在我演讲的前一天，主办方安排我参加各种电视节目，讨论全球经济及其对南非的影响。

我被安排去参加美国消费者新闻与商业频道（CNBC）的《非洲巨头午餐》（*Powerlunch Africa*）节目，工作人员告诉我录制节目的演播厅离我住的酒店并不远。由于天气较热，主办方就让他们媒体关系团队的工作人员开车送我去演播厅。当时距离我的出场时间还有一个多小时，由于我还在倒时差，所以在看到一家咖啡厅时，我询问工作人员是否还有时间喝杯咖啡，她是一位沉稳的女士，她听了我的话停下了车。当我们坐在咖啡厅里讨论一会儿可能会被问及的问题时，我们突然意识到距离我出场只剩下不到 20 分钟了。那位女士也紧张起来，我赶紧询问是否有不妥，她说问题不大，但由于我们聊天期间交通突然拥堵，所以她建议我们步行前往演播厅。她把目的地输入手机的应用程序后，我们便按照导航系统提供的路线出发了。

15 分钟后，我像刚跑完一场马拉松那样大汗淋漓，她的导航显示我们距离目的地还有两千米。我们赶紧加快了脚步，却在一个左转后发现回到了咖啡厅所在的街区。演播厅距离咖啡厅只有 90 米远，我决定推迟访谈的时间以便让自己冷静一下。在这段时间里，我喝了佳得乐，用卫生间里的烘干机吹干了我的衬衫。在大型节目上露面之前长跑一大圈的经历让我十分不安，我必须知道问题出在了哪里，于是请那位女士给我看她的手机……原来，她把导航中的出行方式设置为“驾车前往”而非“步行前往”，这就意味着她因为单行道而带我白白绕行了 4 千米。

接下来这个例子可能更极端，为了抵制盲目依赖人工智能导航系统的不良影响，意大利的一个小镇明令禁止使用谷歌地图，因为太多人在遵循导航指示的方向前行时迷了路。撒丁岛一个海滨小镇的镇长萨尔瓦托·科里亚斯（Salvatore Corrias）说：“有太多的小型车被困在无法通行的道路上了。”2019 年 10 月的一篇文章指出，该镇在过去两年中执行了 144 次救援任务。为了解决这个日益严重的问题，该镇联系谷歌反映此事，并在道路旁放置了“请勿使用谷歌地图导航”的标志。

盲目依赖自动驾驶技术导致的坠机

2014 年，杂志《名利场》刊登了威廉·兰格维斯奇（William Langewiesche）的一篇引人热议的文章。这篇题为《人为因素》（*The Human Factor*）的文章通过描述法航 AF447 次航班的坠毁，说明了盲目依赖技术可能会导致不必要的生命损失。法航 AF447 次航班采用的机型是空客 A330，该型号的飞机配有自动驾驶的新技术，驾驶员需要遵循操作过程中的限制条件。该飞机于晚上 7:29 顺利从巴西起飞，却在大西洋上空坠毁。起初，当飞机驶离海岸时，驾驶舱收到了来自巴黎调度员的信息：一道雷暴正沿着航线不断增强。航班副驾驶皮埃尔-锡德里克·博宁（Pierre-Cedric Bonin）紧张起来，机长马克·杜波依斯（Marc Dubois）却不以为意。

当时，飞机处于自动驾驶模式，正以 35 000 英尺（约 10.7 千米）的巡航高度和 550 英里（约 885 千米）的时速飞向巴黎。他们即将进入热带辐合区，这是赤道附近雷暴频发的地区。在避开了一些恶劣天气区域后，飞行员们发现自己飞入了一大片带着冰雹颗粒的湍流中。气流颠簸在飞行过程中并不罕见，但这次，气流中的冰雹颗粒狂轰滥炸般撞击在挡风玻璃上。

晚上 11:10，驾驶舱内测量气流速度的皮托管失灵，飞机的速度突然大幅下降，同时，仪表盘也显示飞机巡航高度正在下降。由于失去空速数据输入，飞机自动驾驶系统关闭，随着警报声起，飞行员需要立即人工驾驶飞机。

为了让飞机爬升，博宁急忙拉起控制杆，飞机继续减速，继而失速警报响起，驾驶舱里一时更加混乱。飞机减速时会失去攀升动力，从而无法维持在安全高度上。为了恢复保持升力所需的速度，博宁必须降下机头以重新获得速度。但是，在这个生死存亡的时刻，博宁却反其道而行之，继续拉起控制杆。

另一名飞行员意识到空速指示器出现了故障，让博宁赶紧降低机头。尽管回答“好吧，我要降回去了”，但博宁只是降低了机头抬起的速度，这使飞机继续失速。

终于，飞行员意识到了问题所在，将机头降低从而平稳爬升。这番操作让飞机既没有上升，也没有失速。如果他们能够把机头再降低几度，他们就能回到初始高度了。但偏偏事与愿违，博宁不但没有降低机头，反而再次拉起控制杆。随着机头抬升，驾驶舱里再次响起失速警报。在反复发出失速警报后，飞机在 38 000 英尺（约 11.6 千米）的高空停止了上升，并开始机头朝上以每分钟 3 900 英尺（约 1.2 千米）的速度坠向大海。

飞机迅速降到 35 000 英尺（约 10.7 千米）以下，速度增加到每分钟 10 000 英尺（约 3 千米）。由于机头的角度太高，飞机的计算系统开始拒绝接收无效数据，警报声暂时停止了。但当博宁开始试图把机头下压时，警报声再次响起，他不得不又一次拉起控制杆抬升机头。这让下降速度增加到每分钟 15 000 英尺（约 4.6 千米），飞机继续坠向大海。

在空速指示器失灵 4 分 20 秒后，法航 AF447 次航班坠入了大西洋。228 名乘客全数罹难。很不幸，在这种情况下，结局总是以生命为代价。

当我们被规则抢占了决策权

除了被专家控制注意力，被技术劫持思维，我们还被规则接管了焦点、框定了决策。**规则限制了我们的能动性，营造出一种虚假的安全感。**在将选项逐一排除的过程中，规则将我们的焦点集中到它所圈定的剩余内容之上。它让我们过于自信地认为，所有不良的结果已经在规则的规范作用下被成功排除了。规则似乎是一种控制手段，表现为一套嵌入了管理专业知识的程序，通过要求员工盲目遵循而得以实现。

美国车辆管理局的噩梦

在所有受制于过度集中的规则的组织中，美国车辆管理局（DMV）在许多美国人心中最为突出。车辆管理局在普通美国人心中的地位极低，去车辆管理局办事是件令人头疼的事情，相比之下，大多数美国人可能宁愿去做根管治疗。

如果在谷歌上输入“车辆管理局惊魂”或“车辆管理局噩梦”，你就会在半秒钟左右得到数十万条结果。许多情况都令人困扰和感到荒谬可笑，以至于你只能又好气又好笑地无奈摊手。以下都是车辆管理局过度依赖死板规则的结果：由于测视力的机器故障，所有受测人在政府官方系统中被登记为盲人；由于系统不允许进行修改，所以只能提交带着错别字的表格；官僚主义激怒了很多人，大家要求车辆管理局提供降压药。“到这里来”，“到那儿去”，“和那边的工作人员谈谈”，“填写这张表格”，然后“提交”。如果你在阅读了其中几个帖子后仍然不为所动，那就上 YouTube 看看吧，输入“车辆管理局抓狂”，你就可以看到成千上万的视频当中美国人在车辆管理局里因为屡屡受挫而丧失理智。

让我们来看一个关于车辆管理局工作人员对着参考材料照本宣科的故事吧。情况是这样的，2000 年 4 月，有一个人在加利福尼亚州购买了一辆 1981 年生产的二手车。他住在内华达州，所以前往当地位于亨德森市的车辆管理局登记车辆。他带着签署妥当的加利福尼亚州车辆产权证明、车检文件、内华达州车险证明和其他所有相关文件来到车辆管理局。为了合理征收购置税，内华达州需要评估车辆当前的市场价值。按照规定，车辆管理局可根据北美二手车行业的标杆性定价杂志《凯利蓝皮书》（*Kelley Blue Book*）进行估值，或是参考原始制造商的建议零售价并根据折旧率进行调整。但问题出现了：车辆管理局工作人员手上的《凯利蓝皮书》中并没有 1981 年出产的汽车的价格。

工作人员被难住了，因为她盲目遵循车辆管理局的死板规定。车主注意到业务办理柜台后面有一本《NADA 指南》，这是由全美汽车经销商协会（NADA）编制的估价手册，其可追溯的年代更久远。车主请工作人员查阅该指南，工作人员却拒绝了，并坚称按照规定，她必须根据蓝皮书的指导进行价值评估，而《NADA 指南》“不是蓝皮书”。无奈之下，车主试图曲线救国，他表示汽车已经完全折旧，并提出为其支付最低税款。

工作人员再一次拒绝了，并建议车主尝试找回车辆在出厂时标明各项信息的标签贴纸。车主回答道：“前车主已经死了，我是从他还活着的家人那里买了这辆车，我无法向你提供这样的文件。”工作人员依然坚称，除非拿到蓝皮书估值或者原始购买价格，否则业务不予办理。毕竟，这些都是车辆管理局的规定。工作人员一口咬定她必须按章办事，并示意车主赶紧离开，因为还有很多申请人在等着办理业务。

在双方激烈对峙并僵持不下之际，一名主管终于出现了，并在《NADA 指南》中找到了该车原始制造商的建议零售价。即便如此，那名工作人员仍然坚持不能使用这个价格作为估值依据，因为它不是来自蓝皮书。主管解释说，蓝皮书只是一个用于二手车价格评估的参考指南的通用说法，因为它最常用。经过几个小时的拉扯，车主的所有文件终于被原封不动地接受了。

僵化的规则可能会加剧和强化问题，而非如专家所愿，通过实施规则来最小化风险。

失效的医疗系统

2014 年 9 月底，托马斯·埃里克·邓肯（Thomas Eric Duncan）从利比里亚返回了达拉斯。利比里亚是埃博拉病毒的暴发地之一。邓肯出现了严重的腹痛和高烧症状，出于担忧，他前往得克萨斯州达拉斯健康长老会医院（Texas Health Presbyterian Hospital Dallas），接受了一系列问诊和简单的体检，测得体温为 39.4 摄氏度。尽管几乎所有美国媒体都在密集报道埃博拉在非洲的快速传播，但在邓肯首次就医期间，埃博拉并没有被认真考虑为其致病原因，其过往旅居史也没有得到足够的重视。在测量体温 35 分钟后，邓肯的体温降至 38.4 摄氏度，医护人员便让他自行回家休息了，按照规定，这是正确的处理方式。

不久后，邓肯又在家人陪同下返回医院要求就医，并说明自己身上出现了感染埃博拉病毒后的所有症状。尽管如此，在将邓肯的取样送进化验室并确诊感染之前，医院并未提高警惕采取任何防护措施。因此，病毒感染者邓肯仅仅被视为普通流感患者，他身边的人都没有得到及时有效的防护。

最终，该医院的母公司得克萨斯州卫生资源集团（Texas Health Resources）

宣布，托马斯·埃里克·邓肯是美国本土确诊的首例埃博拉感染者。恐慌从华尔街投资人一路蔓延至大街上的普通民众。由于人们对公共交通工具密闭环境的担忧加剧，所以游轮公司和航空公司的股票暴跌，人们纷纷取消出游行程。民众人心惶惶，恐慌显而易见。

在一片混乱中，26 岁的医院重症监护室护士尼娜·法姆（Nina Pham）被分配为邓肯的护理人员。为了降低接触这种致命病毒的风险，法姆根据自己从互联网上学到的知识穿上了防护装备，只让脖子和头发暴露在外。一个多星期后，邓肯不治身亡。

此后不久，法姆在发烧中醒来，入院检测埃博拉病毒呈阳性。与此同时，美国疾病控制和预防中心（CDC）正在密切监测另一名护士安伯·文森（Amber Vinson）的身体状况，文森在邓肯住院期间与法姆一起为其提供护理，甚至在他剧烈呕吐和腹泻时给他插了一根导管。由于与两名确诊的埃博拉感染者有过密接，所以文森被要求每天两次向美国疾病控制和预防中心报备。

在克利夫兰旅行途中，文森开始发低烧。根据美国疾病控制和预防中心的规定，她必须在登机前向该中心报备，所以在返回达拉斯之前，文森给美国疾病控制和预防中心打了电话。工作人员询问文森当时的体温，她报告说 37.5 摄氏度。根据有关规定，禁止登机的体温标准为 38 摄氏度。因此，文森获准与 132 名不知情的乘客一起登上美国边疆航空公司 1142 次航班。在登机后不到 30 小时，文森被确诊感染埃博拉病毒。

让我们回忆一下，文森之所以被要求每天向美国疾病控制和预防中心报备两次，正是因为她密接了两名确诊的埃博拉感染者。美国疾病控制和预防中心的工作人员本可以让她留观 24 小时以检测其体温变化情况，然而，他们过度关注其体温，而对她如此明晰的密接史视而不见，这种密接是需要谨慎对待的。虽然法姆和文森如今均已康复，但正是由于规则与当前形势之间的不匹配，她们才不必要地感染了这种致命疾病；同理，其他人面临的更高感染风险也是不必要的。医疗系统的建立原本是为了预防这种风险，但它失效了，因为对规则的遵守使人们丧失了判断力和常识。

重新学习独立思考

现代社会选择的激增加重了人们聚焦和过滤的压力。出于现实的考虑，为了能够有效做出选择，我们可能会用上自认为有效的所有信息过滤器，包括听从专家或朋友的意见、遵循经验法则，以及使用推荐算法。信息技术公司的老话是："从来没有人因为购买了 IBM 的产品而被解雇。"即使 IBM 系统出现故障，那也是 IBM 的错，而不是你的错，因为谁会不选择 IBM 呢？正如约翰·梅纳德·凯恩斯（John Maynard Keynes）所写到的，"世俗的智慧告诉我们，传统地失败比非传统地成功更好"。

即使最佳选择不符合自身需求，做出传统的选择也可以最大程度地降低后悔的风险，并且可能保住你的饭碗。但在筛选的过程中，我们经常毫无意识地将自己的决策权让给信息过滤器。我们的决策框架是由他人设定的，这往往会让我们忽略了自己被动放弃的其他选项和要素，从而使自己面临不必要的风险，错失原本存在的机会。当我们被自己的信息过滤器误导时，我们往往也无法察觉。**信息过滤器已经先行圈定了我们的感知范围，若要打破僵局，就需退观全局地思考。**当使用信息过滤器缩小选择范围时，你损失了什么？

我们必须重新学习如何独立思考，这并不意味着我们不能依靠他人，毕竟当下的生活实在太过复杂，依靠他人是不可避免的；而是意味着我们在依靠他人时应该保留主见，避免盲目依赖导致的失望。

我们是如何失去主见的

- 我们总是把专家当作取景器，把注意力集中到他们认为重要的事情上。
- 如果过度依赖技术产品，我们就可能会被内嵌于产品中的算法牵着鼻子走。
- 规则限制了我们的能动性，营造出一种虚假的安全感。
- 现代社会选择的激增加重了人们聚焦和过滤的压力。
- 信息过滤器已经先行圈定了我们的感知范围，若要打破僵局，就需退观全局地思考。

THINK
FOR
YOURSELF

第二部分

失去主见的三大后果

生活是复杂多变的，我们根本不可能做到无所不知。我们目力所及的范围内，信息是过量的，这使我们向专家和技术寻求帮助，以克服选择焦虑和错失恐惧。但不幸的是，无论在哪一领域，人们重视专精的深度都胜过视野的广度。过度专业化导致思维孤立和焦点盲区，反而引发我们原本试图规避的后果。当我们对专家的指导产生依赖时，便无法独立思考了。

THINK FOR YOURSELF

第 3 章

后果 1，落入专家意见的盲区

专注的深度会让我们失去视角的广度。

考虑到当下的数据泛滥、选择爆炸以及人们对错失完美决策的持续性恐惧，我们也就不难理解人们为何会依赖专家、技术和规则了。我们将思维、信念和希望外包给那些比我们懂得更多的人，并希冀他们能够指引我们做出最佳选择，这是一支抒忧解恼的安慰剂。那些在我们感兴趣的领域钻研已久的人显然比我们更了解如何决策，所以为什么不听从他们的指点呢？

让我们静下心来，思考一下专注的意义。谁不欣赏和赞美专注呢？这是完成任务的关键，它能够让你克服拖延症，抵制短视频的诱惑，以及屏蔽同事、朋友和家人的持续干扰。事实上，在我输入这段文字时，我正将文档设置为焦点模式，这样我便只能看到自己输入的文本了。在当今复杂多样的社会环境中，数据和消息不断涌向每个人，专注为我们提供了应对的可能性，也就是说，专注也许是人类应对 21 世纪复杂生活的关键。

有蒙蔽性的专注

我们对专注史无前例的高需求同样存在明显的缺点。通过将注意力聚焦于某个领域，我们过滤了大量数据，但也忽略了许多信息。在盲目专注的过程中，我们对潜在风险和机遇视而不见。为了在21世纪里屹立不倒，我们需要注意自己的焦点。专注就像时间和金钱，是一个需要刻意管理的变量。专注和忽略往往是一个硬币的两面，在注意力有限的情况下，对一个领域的过度专注意味着对其他领域的注意不足。科研人员用研究证实，我们越是专注于某件事，就越有可能忽略其他与该焦点无关的事情，这种现象被称为无意视盲（inattentional blindness）。

心理学家克里斯托弗·查布利斯（Christopher Chabris）和丹尼尔·西蒙斯（Daniel Simons）[①] 制作了一段视频，视频中两队人一边无序地四处走动，一边相互传递篮球，其中一队穿白色T恤，另一队穿黑色T恤。这项测试要求参与者计算篮球在穿白色T恤的球员之间到底传了几次。大多数研究参与者给出的结果都较为精准，这意味着他们数了一两次就得出了正确的传球数。但这并不是实验的重点，实际上，心理学家对人们数传球次数的能力并不感兴趣，相反，传球的目的是吸引参与者的注意力。大多数参与者都上钩了，他们把注意力完全集中在球上。

其实，这项研究的真正目的是调查人们是否会受专注蒙蔽。在这个实验中，大约一半的参与者都落入了这个小陷阱。你可以看到，大约在视频播放到一半的时候，一个穿着大猩猩服装的学生走进了现场。她停在球员中间，面对摄像机捶胸顿足一番后离开现场。大猩猩出现在实验场景中的时长略少于10秒。

视频结束后，研究人员询问参与者观察到了多少次传球，以及他们是否注意到现场出现了异常情况。他们甚至被问到，是否观察到有其他球员出现。最后，参与者被问到，相互传球的球员中间是否出现过大猩猩。在被问到这个问题的参与者中，大约有一半的人表现出诧异和震惊。没错，大约有50%的参

① 查布利斯和西蒙斯合著的《看不见的大猩猩》一书生动而幽默地揭示了生活中常见的六大错觉。这本书的中文简体字版已由湛庐引进，北京联合出版公司出版。——编者注

与者没有看到大猩猩。当我第一次看这个视频时，我也没有注意到大猩猩。

到底发生了什么？居然有一半的人没有看到一只大猩猩进入实验现场，停下来，面向镜头，拍打胸脯，然后离开，这是真的吗？

是的，这是真的。因为专注于传球次数并将注意力集中在计数上，所以参与者的认知和视觉系统几乎没有多余的能力来观察意料之外的事情。还记得我在前文中提出的观点吗？专注反而催生了我们的忽视，这项实验中，参与者对传球计数的高度专注导致了对大猩猩的忽略，这正是对我的观点的验证。

这些发现已经在全球范围内获得数十个研究团队的成功复验，研究人员对各行各业的人进行了类似的实验。大约一半的人看不到大猩猩的出现。人类的注意力总和似乎是恒定的，对它进行分配是一场零和博弈。正如法国社会学家埃米尔·杜尔凯姆（Émile Durkheim）所指出的："如果将注意力集中在一小部分事物上，你就会对更多的其他事物视而不见。"

后来，查布利斯和西蒙斯在他们的视频中引入了一个转折点，用来验证人们的注意力有限的假设，并探索多任务处理对注意力的影响。他们要求研究参与者将空中传球的次数与反弹传球的次数分开计数，这意味着在整个观察过程中，人们必须持续进行两类计数。结果显而易见，这项任务所需的额外注意力导致 70% 的参与者忽略了大猩猩，比前一个实验结果所示比例更高。简单地说就是，你越专注，越容易忽略其他事情，同时产生更多的盲区。

有趣的是，多任务处理能力可能存在性别差异。发表在《BMC 心理学》杂志（*BMC Psychology*）上的一项研究发现，在不同任务之间快速切换时，男性在速度和条理性上都稍逊于女性。这项研究分别在两项测试中对比了女性和男性的反应。在一项关于在计数和形状识别的任务之间切换的模拟测试中，研究人员对 120 名女性和 120 名男性的表现进行了对比，结果显示，当这些任务混合在一起时，男性处理速度显著低于女性。在第二项测试中，研究人员让 47 名男性和 47 名女性在 8 分钟之内完成一系列与日常生活息息相关的多任务测试，比如在地图上定位餐馆、接听电话、找到丢失的钥匙等，研究结果表明，在压力状态下，女性比男性更有条理。

当我和妻子分享上述事实时，她笑着说："这对你来说是个新鲜事吗？"她在为我们的孩子计划本周活动的同时，通过短信管理着 40 人的团队，为她的 3 名外籍员工办理了签证，并协调处理了某个价值数百万美元建筑项目的诸多细节。然而，不管是男性还是女性，综合多方考虑，最好不要把有限的注意力同时分配给多个任务。据估计，只有 2% 的人能够同时处理多个任务而不影响表现。

不管是否身处多任务处理的环境中，我们越是高度专注，就越容易忽略其他事情。在医疗健康领域，这个问题可能会让医德高尚的医学专业人士违背希波克拉底誓言。

过度诊断引发不必要的治疗

现在，让我们来看看生殖健康领域和医学界对前列腺特异性抗原（PSA）的关注。前列腺特异性抗原检测是一种简单的血液测试，一些研究表明，它可以提前数年筛查出潜在的前列腺癌。医生将手指伸入男性直肠检查前列腺的做法叫作直肠指检，与其相比，前列腺特异性抗原检测不仅可以减少不适感，而且能实现早期发现和预防性护理，这就不难理解为什么前列腺特异性抗原检测会流行起来。除了侵入性较小，它还能够让医生和患者都只需关注前列腺特异性抗原评分这一变量。很快，人们都将这个被认为具有预测性的变量作为判断依据，减少了对其他重要因素的关注。

然而，问题就此产生了。通过前列腺特异性抗原检测，被测人可能会被预测出 11 年后才可能切实病变确诊的潜在前列腺癌，从而产生进一步侵入性活检的需求，而这伴随着其他意外风险和副作用。对许多人来说，治疗过程比疾病本身更令人痛苦。对早期筛查结果的过分关注引起了更多的诊断需求，一旦被发现存在罹患前列腺癌的风险，大多数患者都希望立即接受治疗。保守观察以观其变的策略在心理上极具挑战性，特别是在众多案例中，许多人的康复新生都离不开早发现、早治疗的就医策略。

在《过度诊断》（*Overdiagnosed: Making People Sick in the Pursuit of Health*）一书中，医生 H. 吉尔伯特・韦尔奇（H. Gilbert Welch）、丽莎・M. 施瓦茨（Lisa M. Schwartz）以及史蒂芬・沃洛辛（Steven Woloshin）记录了大量证据，证明前列腺癌的确诊与其早期筛查直接相关。前列腺特异性抗原检测做得越多，活检就越多；活检做得越多，确诊的癌症就越多；癌症越多，相应的治疗就越多。我们越专注于寻找某种东西，发现的就会越多。同时令人惊讶的是，我们也越来越忽视治疗所需要付出的代价。

然而，过度诊断的代价是非常真实的："每个人都知道癌症筛查的潜在益处，即你可以避免死于癌症。但相对而言，很少有人会去了解可能的危害，那就是你可能被诊断并治疗了一种原本永远也不会发生的癌症。"过度治疗的危害可能非常严重。

韦尔奇在他的著作《更少的药物，更多的健康》（*Less Medicine*，*More Health*）中解释说，我们可以把各种各样的癌症想象成圈养的兔子、海龟和鸟。兔子蠢蠢欲动，随时准备跳出来，你要在它们逃跑之前把它们抓住。兔子就是潜在的通过早期治疗可以干预的致命癌症。最危险的癌症就像鸟，当你开始寻找它们时，它们早就已经逃得没影儿了，你对此无能为力。其余的都像海龟，它们哪儿也去不了，是惰性的非致命的癌症。早期筛查对兔子这样的癌症是有用的，但对如海龟这样不太可能造成威胁、如鸟一般可能无法治疗的癌症则没什么用。不同癌症的致命程度也不同。

前列腺癌往往是“圈养的海龟”，这意味着筛查可以发现许多潜在危险，但对挽救生命来说意义不大。请考虑一些基本事实：前列腺癌的死亡率约为3%，死于前列腺癌的患者年龄中位数约为80岁。然而，前列腺癌的终生诊出率约为16%，被诊断为前列腺癌的患者年龄中位数约为69岁。显然，这两个数据之间存在脱节。许多被识别出的癌症其实并不重要。韦尔奇和他的同事总结道：“罹患前列腺癌最快的方法就是去做筛查。”问题就在这里，在许多情况下，对前列腺癌进行筛查和识别的意义不大。许多被确诊患有前列腺癌的人可能死于其他原因。如果寻求治疗，就可能引发副作用，比如阳痿和尿失禁，鉴于这一事实，付出的代价是否会超过不确定的治疗收益呢？

我读过关于上述主题最有趣且最有说服力的文章来自研究人员在《欧洲泌尿学》（*European Urology*）上发表的一项研究。该研究调查了在底特律死于事故的男性中前列腺癌的发病率。基本上，他们的研究对象是男性，其死因是随机的，这给他们的研究带来了巨大的说服力。研究表明，前列腺癌的发病率随着年龄的增长几乎呈线性增长。在20多岁的男性中，患有前列腺癌的人数占比为9%，40多岁的男性中患者占比为40%，而70多岁的男性中这一比例超过了80%。但癌症本身其实可能并不可怕，事实上，这项研究数据似乎表明，大多数死亡的男性似乎都患有前列腺癌，但很少有人死于前列腺癌本身。

此外，有可靠的证据表明，人们对癌症早期识别的期待会催生出更激进的筛查行为。虽然标准前列腺活检包括6次采血和6个样本，但在实际检测中，有人甚至会使用11、12甚至13个样本。请猜一下，更饱和的筛查方式会引发什么结果？答案是测出更多前列腺癌。事实上，在一项研究中，研究人员选取通过三次不同活检被诊断为未患前列腺癌的患者，对他们进行包括32次同时采血取样在内的饱和活检，结果显示，14%原先被诊断为未患癌的个体被标记为患有前列腺癌。

《过度诊断》一书的作者认为，有超过 100 万的男性被过度诊断，并因此承受癌症带来的焦虑。韦尔奇、施瓦茨和沃洛辛认为，在所有希望通过前列腺癌筛查而避免死亡的男性中，30% ～ 100% 的男性会由于过度诊断和不必要的治疗而受到伤害。

请允许我重申一遍，这样你对阅读的专注就不会让你盲目地过滤掉这个令人震惊的事实了。30% ～ 100% 的男性会接受不必要的治疗，而这一切都是由于过度关注筛查和早期诊断。

2010 年，发现前列腺特异性抗原的顶尖科学家理查德·埃布林博士（Dr. Richard Ablin）在《纽约时报》专栏发表文章，题为《关于前列腺的重大错误》（*The Great Prostate Mistake*），该文后来被人们广泛引用。埃布林博士直言："这项筛查的准确性并不会比掷硬币某面朝上的概率更高……而且它无法区分两种类型的前列腺癌，一种是致命的，另一种是非致命的。"

埃布林博士在《纽约时报》上发表的文章得到了广泛的讨论，他就这个主题专门出版了一本著作，名为《巨大的前列腺骗局》（*The Great Prostate Hoax*）。埃布林博士说，这本书旨在向每一个因前列腺特异性抗原检测结果而经历不必要的手术，并因此遭受痛苦副作用的人致歉。人们被不必要的阳痿破坏了婚姻，被可避免的尿失禁损害了自尊，前列腺癌的过度诊断还导致数百万人焦虑不安，心灵伤痕累累，它令人冲动地决策无关紧要的问题。

为什么会发生这样的事情呢？为什么我们会如此依赖一个狭隘的指标，让它能够影响万千民众的生命呢？这是因为人们想要通过一个简单的过程来解决复杂的问题，人们以症状为切入点，即先关注到一个问题，然后试图通过预测性筛查来预防它。医学界过分关注前列腺癌的早期识别，以至于未能充分考虑许多已识别癌症的潜在无关性。他们过度专注于捕捉试图逃离栅栏的动物，以至于没有意识到自己捕捉了很多原本就不会逃出去的海龟。当然，这个捕捉系统有时确实会成功捕获到一只兔子，但在所有被捕获的动物中，这可能只占1% ～ 3%。

我们能否回到初衷，仅将前列腺特异性抗原检测用于监测癌症发展进程，而这种癌症的确诊则是由于患者出现明显症状或不适体征？仅仅狭隘地关注检测数据，我们便失去了现代医学的审慎性。除非癌症本身会致命，否则“罹患癌症”本身并不可怕。对男性的前列腺癌进行不必要的治疗必然需要付出相应的代价，但其收益究竟如何，我们不得而知。

医生和患者应减少对前列腺特异性抗原检测数据这种单一指标的聚焦，更全面地考虑患者的健康、生活和治疗并发症的潜在风险。**专注的深度会使我们失去视角的广度。**常识告诉我们，对情况的判断需要考虑其发生情境，但正如篮球场上的大猩猩所表明的那样，专注也会蒙蔽我们的双眼，让我们错过自己眼皮子底下的东西。在这种情况下，可能少即是多。

官僚主义导致错误的晋升

无论在什么样的机构和组织中，聚焦于领导者制定的规范都会让我们陷入盲目遵循的误区。对管理者决策的拥护和追随并非坏事，这能够提高团队的效率，实现决策的延续性、流程的扩展性和管理的可控性。但若盲目拥戴这个系统，无论是将其嵌入技术中，还是体现到规则中，都可能引发有悖常理的滑稽之举，反而导致人们最终违背这个系统的初心和使命。

许多官僚主义恼人的荒谬情况通常可以用彼得原理来描述，该理论是劳伦斯 · J. 彼得（Laurence J. Peter）与雷蒙德 · 赫尔（Raymond Hull）在 1969 年提出的。彼得和赫尔认为，管理者对下属的提拔决策往往来自对下属在当前工作中优秀表现的片面关注。那些被提拔的人在他们升入的新职位上会表现得更好吗？根据彼得原理，在一个等级制度中，每个人都趋向于超越他的理想位置，上升到他所不能胜任的职位，也就是达到彼得和赫尔所说的“彼得高地”。因为人们只有在当前职位上表现不佳时才会得不到晋升，官僚体系最终会充斥着能力不足、无法很好完成工作的人。如果他们能胜任当前职位或者表现优秀，他们就会得到提拔。一旦到达“彼得高地”，他们就会在此度过余下的职业生涯。

那么，到底为什么要不断提拔能力不足的员工，这个过程又是如何进行的呢？这都是因为决策者往往聚焦于员工在当前职级上的工作表现，却没有想象或预测他们在晋升之后是否能够适应新的高位。同样，不适应当前职级的员工也可能会错过晋升机会，无法晋升到适合自己的工作高位。在实践过程中，员工往往会更注重培养匹配当前职位的技能，却很少考虑培养在下一个职级中所需要的能力。人力资源部门和培训项目应该考虑个人在下一阶段工作中所需的技能，而非当前的工作。

2005 年，卡特里娜飓风灾害的应对失误就是彼得原理的实例。美国联邦应急管理局（FEMA）对新奥尔良市的人道主义救援非常糟糕，美国国会对美国联邦应急管理局工作中的一系列问题进行了调查。毫无疑问，部分原因在于领导者的经验和能力不足。这位领导者此前是国际阿拉伯马协会（International Arabian Horse Association）的裁判专员，工作表现非常出众，因此被提拔到责任更大的职位，即美国联邦应急管理局局长。的确，他在此前的领域绝对称得上是一名称职的专业人士，但应急响应需要跨越不同地域和辖区，协调不同机构和司法当局，这对他来说不堪重负难道是无法预见到的吗？

从根本上讲，彼得原理探讨的其实也是焦点管理的问题，它讨论管理者如何聚焦于个体在当前位置上的工作表现，并以此作为标准来评估其未来的潜力。但若我们细细思量，便可知其实这并没有意义，因为评估标准应当基于未来的职位要求。同样地，这也可能意味着，一些在当前职位上表现不佳的人如果得到提拔，反而可能会在新的位置上大放异彩。

对单一目标极度关注，错失扩张时机

在抓住和维持进入赌场之人的注意力方面，博彩业具有极强的管理手段，但有趣的是，对单一目标的极度关注曾导致世界上最大的博彩公司之一错过了该行业历史上最大的发展机会，当时巨大的亚洲市场向全球博彩公司开放。

在这个部分，我将对比美国凯撒娱乐公司的前身哈拉斯娱乐公司与拉斯韦加斯金沙集团这两家公司的领导团队采取的不同战略，来说明关注点的差异是如何导致结果的巨大差异的。2005 年，哈拉斯娱乐公司作为世界上最大的博彩公司之一，坐拥凯撒宫大酒店、哈拉斯赌场酒店、里约套房赌场酒店和巴黎大酒店等拉斯韦加斯标志性酒店。与此同时，拉斯韦加斯金沙集团拥有威尼斯人酒店，并刚刚在中国澳门开设了一处产业。加里·洛夫曼（Gary Loveman）曾是哈佛商学院教授，他管理着哈拉斯娱乐公司，拉斯韦加斯金沙集团则由精力充沛的实业家谢尔登·阿德尔森（Sheldon Adelson）经营。洛夫曼专注于深耕现有的哈拉斯客户，而阿德尔森则采用了更广泛的经营视角来拓展客户。

我的博士论文以哈拉斯娱乐公司为研究对象，对该公司体贴入微的客户服务策略进行了探讨。他们深谙如何实施其忠诚奖励计划，为数千万客户提供区别化的待遇。洛夫曼通过深入研究零售业，制定了一项重点战略：与其通过投入大量的成本打造壮丽奇观来吸引新客户，不如将公司的重点放在从现有客户的钱包中掏出尽可能多的钱上。哈拉斯的经营策略就是通过服务最优质的客户来维持他们的忠诚度。从前台、荷官到赌场负责人，集团内的每个成员都学会了根据客户的忠诚度等级来区分并服务客户。洛夫曼的聚焦策略成效斐然，忠诚奖励计划让哈拉斯公司取得了亮眼的业绩，引起了私募巨头的注意，并于 2007 年被收购。

与此同时，阿德尔森采取了一种完全不同的战略，他将关注点放在了增加客户数量上。他并不关注如何压榨现有客户的钱包，相反，阿德尔森试图增加进入自己赌场的人数。为了实施这一战略，阿德尔森将重点放在让人们尽可能多地踏入自家产业的大门，而不是留住忠诚的、有时甚至沉迷到无可救药的赌徒。阿德尔森还着眼于全球布局，并在亚洲市场向外国博彩公司开放许可时抓住机会，参与竞标并获得了在中国澳门和新加坡开发博彩产业的特许权。

时代洪流滚滚向前，哈拉斯娱乐公司根据《美国破产法》第 11 章完成了破产重组，并更名为凯撒娱乐公司。虽然破产在很大程度上是由该公司在其市值最高时实施的杠杆收购所带来的沉重债务负担而引发的，但错过亚洲的巨大增长机会也是破产原因之一。自此，阿德尔森成了世界上最富有的人之一。

尽管造成现状的原因有很多，但其中一个特别有力的解释在于公司的不同关注点。虽然凯撒娱乐公司非常专注于从客户的钱包中拿走更多钱，但拉斯韦加斯金沙集团却开发了数百万个新钱包。2005 年，世界上最大的博彩市场在拉斯韦加斯；而今天，亚洲市场的规模已经数倍于拉斯韦加斯。洛夫曼和凯撒娱乐公司的战略团队对亚洲新兴市场的机遇视而不见，这是否可以归咎于他们将注意力全部集中在了现有客户身上？阿德尔森看似不那么专注的战略让他的团队发现并抓住了一个巨大的机会。

专家意见同样具有局限性

虽然焦点管理很重要，但我们也需要理解，我们所依赖的专家往往只专注于自己的领域。因此，我们需要意识到，他们提供的建议和指导具有局限性。而且，最新的研究表明，专家在其专注领域的预测精度并不比非专家更高。在一项长达数十年的研究中，社会科学家菲利普 · 泰特洛克（Philip Tetlock）请专家做出预测，然后对其预测结果进行检验。泰特洛克的研究发现既出人意料，又极具启发性。通过将专家、普通人以及简单统计模型三者做出的预测进行比较，泰特洛克发现，专家的表现并不比普通人好很多，而所有人都输给了简单的统计模型。

人们对专家的需求越大，专家就越自信。泰特洛克甚至发现，业余预测者的预测更准确，但他们不会像专业预测者那样对自己的预测结果充满信心。**专业会提高一个人的自信，但也会降低他的判断水准。**也许彼得和赫尔在彼得原理中的解释是正确的：是不是因为许多专家已经达到了彼得高地，所以他们的建议是毫无意义或无关紧要的？

克里斯托弗·瑟夫（Christopher Cerf）和维克托·纳瓦斯基（Victor Navasky）在《专家证词》（*The Experts Speak: The Definitive Compendium of Authoritative Misinformation*）一书中汇编了大量专家过分自信、毫无根据且在今天看来令人忍俊不禁的例子。例如，《商业周刊》（*Business Week*）在 1929 年 11 月 2 日报道说，华尔街崩盘不会导致大萧条，因为经济“比以往任何时候都更强劲”。美国数字设备公司（Digital Equipment Corp）总裁肯·奥尔森（Ken Olsen）在 1977 年声称：“人们没有理由想要在家里拥有一台电脑。”杰夫·雅各比（Jeff Jacoby）在波士顿《星期日环球报》（*Sunday Globe*）上就错误的预测发表了看法，他建议人们：“真正的智者正要教会你如何进行思考。如果你愿意，请洗耳恭听，但也要记住，他们很有可能是错的。”微软前 CEO 史蒂夫·鲍尔默（Steve Ballmer）在 iPhone 问世之际说了一句戏谑名言：“iPhone 是世界上最贵的手机，它对商业客户没有吸引力，因为它没有键盘。”

坚持狭隘的焦点可能代价高昂，转移焦点可能带来巨大的益处。**在商界，局外人的观点往往更有价值，因为核心管理团队之外的人士可能会提出新的想法，并就团队正在做出的关键假设提出质疑。**事实上，2017 年进行的一项针对战略调整的公司展开的商业分析发现，在所有帮助公司成功完成战略转型的 CEO 身上都有一个共同特征，那就是他们的经验似乎与转型的业务无关。最具魄力的变革型领导者可能在其当前所处的行业中没有任何经验，比如重塑了零售业的杰夫·贝佐斯就是一名来自金融业的领导者。

在《巴菲特最推崇的8大企业家特质》[①]中，作者威廉·N.小桑代克（William N. Thorndike Jr.）描述了一系列非传统CEO的商业故事，其中包括华盛顿邮报公司的董事长兼CEO凯瑟琳·格雷厄姆（Katharine Graham）的精彩故事。1963年，格雷厄姆46岁，丈夫去世后，她出人意料地接任了华盛顿邮报公司的CEO，一跃成为《财富》500强公司唯一的女性CEO。从1971年公司首次公开募股到1993年她卸任董事长，华盛顿邮报公司股东的年复合回报率为22.3%，而标准普尔指数为7.4%，同行均值仅为12.4%。华盛顿邮报公司的同期回报比标准普尔指数高出18倍，比同行高出6倍多。接手新工作后，她花了几年时间适应这个职位，包括熟悉业务和她的团队。4年后，格雷厄姆做出了第一个重大人事决定。

在格雷厄姆接管华盛顿邮报公司4年后的1971年，尽管尼克松政府威胁要注销该公司的广播许可证，格雷厄姆还是决定登出披露五角大楼文件的系列新闻报道。1972年，在格雷厄姆的全力支持下，《华盛顿邮报》开始调查共和党竞选活动中的不当行为，最终导致尼克松辞职，并因此被授予普利策奖，这是在格雷厄姆领导下，《华盛顿邮报》斩获的18项普利策奖中的第一项。当沃伦·巴菲特还是一个无名之辈时，格雷厄姆就把巴菲特引入了董事会，开始极具前瞻性地购买自家公司的股票，并通过在其他行业开展收购业务，推动公司实现了业务多元化。

20世纪80年代初，麦肯锡建议华盛顿邮报公司停止回购计划，格雷厄姆在遵循麦肯锡的建议两年后恢复了理智，在巴菲特的帮助下，重新实施回购计

① 这本书通过企业家的传奇故事，为投资者、企业管理者提供指导，中文简体字版已由湛庐引进，中国财政经济出版社出版。——编者注

划。当她在 1993 年卸任时，华盛顿邮报公司是同类报业企业中业务最多元的，其收入和利润几乎一半来自非纸媒。正如局外人可能会给公司的经营管理和战略决策带来不同的焦点，那些在焦点管理问题上挣扎的人们其实也可以有高水平的表现。

我们忽略的一些信息可能对飞跃式进步具有关键作用。科学家阿尔伯特·爱因斯坦、奥运会选手迈克尔·菲尔普斯、企业家华特·迪士尼、捷蓝航空公司（JetBlue）创始人戴维·尼尔曼（David Neeleman）、女演员乌比·戈德伯格（Whoopi Goldberg）、商业大亨理查德·布兰森（Richard Branson）和美国前总统约翰·肯尼迪，他们都被诊断出患有注意力集中障碍，这些杰出人才都缺乏注意力管理技能。那么，他们的注意力集中障碍是否反而有助于形成突破性思维，从而推动科学、体育、艺术、商业和政府事业的发展呢？所有这些可能性都有可能会被我们对高度专注的执着所扼杀。

管理焦点并非易事。我们的注意力是有限的、有选择性的，是我们认知系统的基本部分。但注意力也会使人盲目，这就要求我们对注意力进行风险管理，同时必须了解自己知识和感知的局限性。过于专注会让你的视野变得狭隘，从而忽略很多东西，其中一些可能是有用的。但如果专注不足，你就会成为一个浮躁浅薄的多面手，一个懂而不精的人。所以这里的关键是，我们要以适合自身发展目标的方式，积极和有意识地管理我们的焦点。

我们不仅需要管理自己的焦点，而且要管理我们所使用的技术的焦点。面对生活中无处不在的技术，我们必须睁大眼睛，看清楚算法和人工智能对我们焦点实施的微妙、隐蔽而有影响力的管理，从而避免陷入无技术寸步难行的焦点泡沫之中。当我们决定外包决策时，我们就放弃了做出关键决策。

请想一下，以前那些在实体书店里选购图书的体验与今天常见的在线选购方式有多么大的不同。当然，在线搜索比在书架上乱翻更容易。事实上，算法甚至会给你推荐其他你可能会感兴趣的图书。不用费力寻找，你可能会感兴趣的同类产品就出现在你面前，这真是太棒了，对吧？但在书架上翻翻找找可能会让你从不同主题的书中发现新的东西，从而实现差异化思维，而在线算法只专注于根据你的搜索结果即时显示出你的偏好。两者没有孰好孰坏之分，但如果我们不知道在线搜索在带来益处的同时也会引发损失，我们就很容易错过其他可能性。

与之类似，我也是阅读纸质刊物的强烈支持者。为什么？因为在线新闻推送和信息门户网站都在强势地管理我们的焦点。通过分析我们的点击行为，它们将我们的注意力引导到我们感兴趣的话题上，就像在线选购图书时，它们会通过推荐与我们类似之人所购买的图书这一方式来管理我们的焦点。然而，在翻阅纸质的报纸或杂志时，我们不得不浏览各种各样的标题，这会使我们接触到广泛的话题和新闻，它们没有经过基于算法的焦点过滤器的筛选。**选择通过未经过滤的信息源来获取信息有一个巨大的好处：它可以让我们接触到各种各样的观点和视角，让我们在一定程度上摆脱信息茧房。**

在本书的后续章节中，我们将再次探讨焦点管理的主题；但现在，让我们来看看狭隘的焦点和孤立的思维过程是如何将我们一步步导向我们试图规避的负面结果的。

THINK FOR YOURSELF

我们是如何失去主见的

- 专注和忽略往往是一个硬币的两面，在注意力有限的情况下，对一个领域的过度关注意味着对其他领域的注意不足。
- 专注的深度会让我们失去视角的广度。
- 专业会提高一个人的自信，但也会降低他的判断水准。

- 在商界，局外人的观点往往更有价值，因为核心管理团队之外的人士可能会提出新的想法，并就团队正在做出的关键假设提出质疑。

- 我们不仅需要管理自己的焦点，而且要管理我们所使用的技术的焦点。

- 选择通过未经过滤的信息源来获取信息有一个巨大的好处：它可以让我们接触到各种各样的观点和视角，让我们在一定程度上摆脱信息茧房。

THINK FOR YOURSELF

第 4 章

后果 2，缺乏系统性思维

当做了更多安全措施时，
人们会倾向做出更多危险行为。

在考虑焦点时，用整体的系统观而非局部视角来思考大有裨益。一个系统由各个部分相互联结、相互作用而成，还包括能够形成闭环的逻辑回路。因此，在系统内，一部分的牵动可能会对另一部分产生影响。虽然许多人将这些影响描述为意想不到的结果，但系统思维者并不这么认为，他们能够认识并预判另一部分的结果。对系统思维者来说，这些结果是可预测的。

对于安全带和安全性的看法就是一个理解系统观的很好的示例。未运用系统观的传统观念普遍认为，当每个人都系上安全带时，人们在车祸中遭受的身体伤害将会减轻，因此系好安全带绝对是一件好事。但是一个系统思维者则会因为考虑到系安全带存在的潜在风险而持不同意见。例如，因为所有乘客都系好了安全带，司机会不会认为已经很有保障了，所以在驾驶时更加激进，因此增加风险呢？那么从汽车上卸下安全带能让司机更安全吗？系统性思维能够让我们另辟蹊径，深入地理解部分之间的相互作用对整体的影响，它往往能激发出超越直觉、令人惊讶的见解。

安全即危险，危险即安全

在《源风险》（*Foolproof*）一书中，格雷格·伊普（Greg Ip）探讨了过度专注将会增加意想不到的结果发生的概率。他认为，从金融稳定器到金融堤坝，我们在安全机制上获得的成功会让我们过度自信，致使一些暂被平息的小问题累积起来，最终导致更大的灾难。例如，总是扑灭偶发的小型森林火灾会导致灌木丛生，最终可能引发难以控制的大规模火灾。难道最近肆虐的大规模山火不是我们过去几年的防火工作间接引发的吗？泰坦尼克号的沉没难道不是因为它号称“永不沉没”，所以船员才试图以最快的速度驶过冰川覆盖的水域吗？“深水地平线”钻井平台是英国石油公司旗下钻井平台中最佳安全纪录的保持者之一，这是否让其管理团队过度自信，进而导致了爆炸事故的发生呢？

在金融领域，长期的稳定反而会导致银行需要承担更多风险？事实上，这就是经济学家海曼·明斯基（Hyman Minsky）提出的“金融不稳定假说”，即长期的稳定繁荣必然会产生不稳定因素，因为处于稳定状态的行为主体会难以避免地对不断增加的脆弱性视而不见，从而使自己将要承担的风险越来越大。

当做了更多安全措施时，人们会倾向于做出更多危险行为。这是因为他们不再将注意力放在需要小心应对的危险之上了。例如，在结冰的道路上行驶时，加装了防滑链的轮胎并不能像预期的那样减少事故，因为人们在没有装防滑链的时候会更加小心驾驶，而加装之后则倾向于疏忽大意地行车了。赫因斯·沃德（Hines Ward）曾是超级碗最有价值球员，他的整个职业生涯都效忠于匹兹堡钢人队（Pittsburgh Steelers），出于类似的原因，他认为橄榄球运动员不戴头盔反而会更加安全。沃德在美国国家广播公司（NBC）体育台节目上说：“如果你不想得脑震荡，就摘下头盔吧，就像传统玩法那样只戴皮头盔，不戴面罩。”

想一想你在开车时一心多用的经历，你在开车时打过电话吗？美国 15 个州认为这个行为会增加事故风险，所以在现有法律中要求司机在驾驶时使用耳机或扬声器系统，以便他们可以一直把手放在方向盘上。2013 财年，美国政府向率先制定防止驾驶分心相关法律的州拨付了 1 750 万美元的奖励资金。但事实上，这些政策并没有抓住重点。

看不见的大猩猩所带来的启示是，我们的认知带宽（cognitive bandwidth）是固定的。当我们将注意力集中在一项需要聚焦的事情上时，就无法有效注意到意外发展，更不用说正确处理它们了。免提通话的规定在一定程度上是有意义的，因为出于身体限制，我们很难一手拿着手机，一手安全驾驶。但我们的注意力是一种稀缺资源，所以免提通话的规定实际上并不能解决问题。事实上，这个政策暗示了开车时免提通话是安全的，它可能会鼓励司机放心大胆地在高速公路上一边打电话，一边以 120 千米的时速驾驶着 2 700 千克重的车辆。如此，这些原本是为了确保安全的政策却意外地妨害了道路安全。在这种情况下，免提通话的政策其实抓错了主要矛盾，这里的关键是认知的多任务问题，而不是驾驶过程中的多任务问题。有趣的是，英国试图通过授予警察权力来解决认知超载问题，当他们看到免提通话的司机并认为司机的注意力被分散时，他们可以叫停司机。

鉴于人们应当在驾驶过程中避免认知和逻辑上的多任务负担，荷兰一个名为德拉赫滕的城市采取了“危险即安全”的政策。为了迫使人们集中视线范围，德拉赫滕移除了所有路标，撤掉全部红绿灯，只留下简单并易于遵守的交通规则。自此，司机在开车时需要集中注意力，而不是盲目地跟着标志走。这一变化是卓有成效的，德拉赫滕的道路安全得到了改善。在拆除红绿灯后，在一个十字路口内的交通事故数量从 4 年内发生 36 起下降到 2 年内仅发生 2 起。德拉赫滕的举措和效果令人惊讶，但如果你系统地思考焦点在这个例子中所起到的作用，就会豁然开朗。

事实上，人类对风险有一套特定的应对机制，已故的女王大学（Queen's University）心理学教授杰拉尔德·怀尔德（Gerald Wilde）把这种现象称为“风险平衡”（risk homeostasis）。这个理论提出，当一项活动的风险降低时，人类反而可能进一步寻求风险。例如，系上安全带后，司机就会更放心地用力踩油门；带上防撞橄榄球头盔后，球员可能会更激烈地进行身体对抗。

追求健康引发的健康危机

专注、专业化，以及我们在前文讨论过的收益最大化倾向，这三者结合在一起便生成了一场席卷一切的追求完美的风暴。在医学界，优化的重点集中在一个直观的测量指标上，那就是寿命。现在每个人似乎都在追求长生不老，这便让人越来越重视对疾病的筛查，以便将问题及时扼杀在萌芽状态。事实上，作为优化逻辑的一种表现形式，对疾病过于积极的筛查已经成为某种被称为过度诊断的“流行病”了。

这种“流行病”在医生们崇尚的专业精神的推动下快速蔓延开来。H. 吉尔伯特 · 韦尔奇及其同事写道：“因为这些医生非常关注他们专业领域的疾病，所以我相信，他们有时会失去更广阔的视野。他们的工作重点是尽一切可能避免与疾病相关的负面情况发生，也就是尽可能让更多的人能被及时诊断并得到救治。但正因如此，医生就更倾向于把异常的范围设定得极为宽泛，导致许多人被贴上异常的标签。”

除此之外，对现有的复杂医疗诊治技术的信赖进一步提高了人们的专注度，也加剧了过度诊断的问题。韦尔奇等人在《过度诊断》中说：“当下的诊断技术如此发达，能够帮助我们发现更多的模糊情况和意料之外的异常之处，这两种情况又会引发更多的检查以便确诊，比如再次扫描，而这样做有可能让我们发现更多问题。”但发现越来越多细微的异常并不一定对我们有所助益，但它一定会带来更高的费用、更多的假阳性和潜在的不必要治疗。

如果你和大多数美国人一样每年去医院体检一次，胆固醇水平就很有可能在检查项目之内。如果你的医生告诉你，你的胆固醇水平，或者更具体地说，你的坏胆固醇水平高于理想值，那么你无须惊讶，因为你并不是个例。根据美国疾病控制和预防中心的估计，当前有 7 350 万美国人被诊断为高胆固醇。

也许医生会建议你服用像立普妥这样的降胆固醇药物。如果你服用立普妥，那你又找到了同伴。立普妥在 1996 年至其专利到期的 2012 年间，成为有史以来最畅销的药物，其销售额超过 1 250 亿美元。这个天文数字反映了该药物在降低胆固醇方面的普遍疗效，毕竟，医生为 2 900 万病人开出了立普妥，这个数字比澳大利亚的总人口还多！如果它疗效不佳，那么他们不会这么做的，对吗？

这里的关键是你如何定义“疗效”。有两个关键事实：首先，立普妥可以降低胆固醇。是的，没错，它完成了自己的本职工作。事实上，不仅是立普妥，他汀类药物都可以通过阻断肝脏产生的一种酶来起效，这种酶在胆固醇生成过程中起着关键作用。其次，立普妥实际上并不能预防心脏病发作。如果你正在仔细阅读，此刻你很可能会想停下来重读我前面这句话。我写得没错，是的，他汀类药物一般不能预防心脏病发作。事实上，研究表明，在他汀类药物的疗法中，预防心脏病发作的比例是 1/50，而降低死亡风险的概率是 1/890。正如马克·海曼（Mark Hyman）博士指出的：“这不是一种疗效显著的药物。”

你应该能够注意到，在第一个事实中，他汀类药物能够降低胆固醇；而在第二个事实中，它们通常不能预防心脏病发作，这两个事实之间存在矛盾。其实，这两种说法都是正确的，但它们的焦点不同。如果我告诉你，心脏病医生专注于降低胆固醇，很少考虑其他副作用，你会怎么想？要知道，每种药物都会有副作用。他汀类药物的副作用通常包括肝脏损伤、记忆力减退、糖尿病、肌肉损伤等。我要重申，如果你在服药期间感到了这些副作用，那么你并不是个例，有超过17%的患者报告出现了副作用！如果你认为这仅仅是法律上各种令人摸不着头脑的必要说明，是制药公司在说明书上事先列出的、用于法律免责，但几乎不会真正影响患者的副作用清单，那么你不妨了解一下，美国食品药品监督管理局（FDA）近期明确要求，他汀类药物必须明确标注，使用该药物会增加患者罹患糖尿病的风险。

让我们直观地回顾一下这个过程：你去找医生做例行体检，得知自己的胆固醇高于健康范围。你的医生建议你开始服用降胆固醇药物，并告知你数百万患者已经从中获益。然后他告诉你他自己也在服用立普妥，并且他认识的每一位心脏病专家也都在服用这种药物。

“这很安全。”他边说边将处方递给你。你离开的时候如释重负，庆幸现代医学有办法应对你的病情。

然后，你开始服用他汀类药物，你的胆固醇水平下降了。随后，当你收到自己的血糖水平检测报告时，你发现数值非常高。医生告知你，你患了2型糖尿病，会有心脏病发作的风险。直到2015年，他汀类药物与糖尿病之间的相关性才开始被公开讨论。事实上，2015年3月，美国国家公共广播电台（NPR）的一篇报道明确提出质疑，降低胆固醇的药物是否只是在用糖尿病的代价换取心脏病的疗效。

大多数医生是发自内心地相信，低胆固醇水平比高胆固醇水平更健康。在其他条件都相同的前提下，这个结论是成立的。有一个经常被引用的相关研究，它是启动于1948年的弗雷明汉心脏研究，该研究进行了16年，跟踪了波士顿郊区5 000多名居民的健康状况。研究人员注意到了心脏病发生率和胆固醇水平之间的相关性。他们发现，心脏病患者的平均胆固醇水平比健康居民高

11%。但一些胆固醇水平非常低的人也遭遇了突发性心脏病，而另一些胆固醇水平很高的人却一直安然无恙。在个体层面上，这些事实被视为反常，而有效的结论来自人口维度的分析，或者就如我们被告知的那样。因此，“要想活得更长久，就要避免摄入脂肪和胆固醇”，这句口号在当时风靡一时。

随后，食品行业迅速迭代，推出了不含胆固醇的低脂或无脂食品，一些人称之为“斯纳克威尔现象”。为了提供更利于心脏健康的饮食选项，食品中的脂肪和胆固醇被去除，黄油被不含胆固醇的人造黄油取代，等等。然而，人们却没有注意到，精加工的碳水化合物取代了这些脂肪……从长远来看，这些精加工食品往往比胆固醇更有可能引发心脏病！值得一提的是，我们在几年后也发现了人造黄油中的反式脂肪是不利于健康的。

1996 年，针对如何降低胆固醇的问题，立普妥作为药物是完美的答案。对于大多数美国人，选择利于健康的食物实在太难了，但如果只需一颗药丸便能在饮食选择上无后顾之忧呢？这就像史泰博办公用品店（Staples）出售的红色大按钮，只要一按下去，就会弹出“这很容易”的鼓励口号。只要吃下这颗药丸，你就能想吃什么就吃什么，胆固醇水平还会不断下降。病人和医生成群结队地为这种药物埋单，它的确起作用了，人们的胆固醇水平在不断下降。

然而，当今罹患心脏病的美国人比以往任何时候都多。美国顶级营养师琼尼·鲍登（Jonny Bowden）和医生斯蒂芬·西纳特拉（Stephen Sinatra）合著了畅销全美的著作《胆固醇的大神话》（*The Great Cholesterol Myth*），他们明确表示：“对低脂饮食和他汀类药物的推崇正在导致一场巨大的健康危机。”在前文中，我提到过的第一个事实是，他汀类药物的确能够降低胆固醇水平；但第二个事实是，他汀类药物不能预防心脏病。让我们来对第二个事实进行进一步调查吧。

很不幸，他汀类药物的副作用比人们最初认识的要严重得多。事到如今，我可以根据对家族史的贝叶斯分析、现有的先验医疗条件，以及针对生活方式的多元回归分析，得出人们患上心脏病和糖尿病的边际倾向，但请放心，我不会这么做。这么说吧，如果你只关注心脏而非身体的整体状况，那么当胆固醇水平下降时，你就可以宣布药到病除了。

如果我们将人体视为一个整体，其中存在如肝脏、胰腺等在内的器官，也存在胆固醇以外的物质，比如胰岛素，那么我们就需要打开视野来审视整个系统。肝脏是人体的排毒引擎，所以当他汀类药物等外来物质进入人体时，肝脏就可能会面临额外的负担。事实上，作为衡量肝脏压力的指标之一的肝酶水平升高，就是服用他汀类药物所产生的副作用。尽管本意是为了身体健康，但对胆固醇的片面关注是绝对错误的。是的，在其他条件相同的情况下，降低胆固醇水平的确可以降低心脏病发作的风险。但在现实生活中，“其他条件相同”是不可能的，他汀类药物往往会增加你的肝脏负担，增加你罹患糖尿病的风险，且可能对肌肉和神经产生不良影响。难道我们应该只治疗心脏，而忽视整个身体吗？难道人体不是一个庞大的相互关联的系统吗？

如果我们探究他汀类药物的药效，那么就会发现它们的工作原理是靶向抑制 HMG-CoA 还原酶。我说过我不会让你淹没在统计数据中，但从未承诺过不使用晦涩的医学术语。但从现在开始，我会进行通俗的讲解。HMG-CoA 还原酶控制着人体内胆固醇的生成，而他汀类药物的目标就是抑制这种酶发挥作用。但是帮助身体将血糖转化为能量的胰岛素也会控制这种酶。在患者体内，药物会影响胰岛素水平，继而给胰腺施加额外压力，增加了胰岛素抵抗的可能性。这些意味着通过控制患者血糖水平来控制其胆固醇水平可能更容易。但可怕的是，食品行业的做法恰恰相反，它去除了食物中的胆固醇和脂肪，并添加了大量的糖！

尽管降胆固醇药物市场蓬勃发展，但人们的心脏病发病率一如既往地居高不下。根据美国疾病控制和预防中心的数据，每年有超过 60 万美国人死于心脏病，约占总体死亡人数的 25%，不论男女，心脏病都是造成美国人死亡的主要原因。

我相信，这些事实会激怒一些通过服用他汀类药物来降低胆固醇水平的患者。事实上，至少在一些情况下，愤怒也是一种服用他汀类药物的副作用。在美国知名网络刊物《石板》杂志（*Slate*）2011 年的一篇文章中有这么一段话：

> 病患 1 号有强烈的杀人冲动。这名 63 岁的男子以往性格平和，但他发现自己醒来时会怒不可遏，并有砸东西的冲动。在他开始服用降胆固醇水平的他汀类药物立普妥后，暴力冲动就开始了，但在停止用药两天后，他的暴力冲动就消失了。病患 2 号在开始服用另一种流行的他汀类药物 Zocor 后变得易怒。这名 59 岁的男子有一种杀妻的冲动，并曾谋杀未遂。在停用 Zocor 后的几周内，他的暴力倾向消退了。病患 3 号是一名 46 岁的女性，在服用立普妥时变得异常易怒，时常无缘无故向丈夫发脾气。和其他人一样，当她停止服用他汀类药物后，她的异常行为便消失了。

在你跑回家搜索自己的配偶是否在秘密服用立普妥，或是悄悄藏好了立普妥来为一场秘密谋杀做无罪辩护的准备之前，让我们想想我们在这场为了心脏健康而做的斗争中暴露出的与身体系统的根本性脱节。人体是一个由各部分器官有机组合而成的系统，各部分相互关联，形成微妙平衡，虽然各类专家对各部分的深入了解非常有意义，但将人体视为一个系统也是至关重要的。

因此，让我们重新评估一下对胆固醇过度关注的问题。大多数人都依赖医生，也就是专家，而医生和专家又依赖技术产生的数据，也就是通过实验室测试和初步分析算法得出的胆固醇水平，并根据医疗系统确定的某些规则，即阈值关注水平来理解胆固醇的危害程度。

难道我们对心脏病诊断和预防的措施反而使其发作的风险更高了吗？一个具有系统性思维、关注反馈的思考者会以其他方式应对问题吗？我们重视局部的医疗方法是否忽略了人体作为一个整体，各个部分之间的相互联系呢？

误诊带来的创伤后应激障碍

几年前，我有幸与特丽莎·托丽（Trisha Torrey）交谈，她因误诊而患上了创伤后应激障碍（PTSD）。托丽的故事至今困扰着我，并且应该会让每个与现代医疗系统打过交道的人感同身受。事情是这样的，托丽是一名 52 岁的独立营销顾问，她发现在自己躯干上长出了一个高尔夫球大小的肿块。“那个肿块不疼，它就是长在那儿罢了。”她说。但是，就像任何一个和她处境相似的人可能会做的那样，托丽联系了自己的家庭医生并前往就诊。由于无法识别肿块的性质，家庭医生于当天下午将托丽转诊至外科医生处，外科医生立即将肿块切除，并送去活检以便做进一步评估。外科医生答应托丽在收到实验室的消息后立即联系她。然而，托丽在焦躁不安的心情中等待了大约一周之后打电话给外科医生办公室，询问她的活检情况，她却被告知，由于美国独立日假期，实验室推迟了对病理标本的处理。又过了一周，她接到了一个令她五雷轰顶的电话。

“外科医生最后打电话通知我实验室活检结果，他告诉我，我患了一种非常罕见的癌症，叫作皮下脂膜炎样 T 细胞淋巴瘤，简称 SPTCL。”托丽告诉我。更糟糕的是，外科医生接着告诉她，之所以实验室活检会花这么长时间，是因为他们觉得需要请第二个实验室确认结果。两个实验室都确认了检验结果，外科医生告诉托丽，他会尽快为她安排一个肿瘤科的预约。

根据托丽的说法，这个“尽快”的安排在两个星期后，在那两个星期里，她一直情绪起伏剧烈、充满恐惧。就像任何一个和她处境相似的人可能会做的那样，托丽打开电脑，开始自己搜索网上能找到的关于 SPTCL 的一切知识。但由于在 2004 年时 SPTCL 是一种非常罕见的疾病，网上并没有太多的相关信息。

“我了解到，每个患病的人都死了，而且死得很快……我吓死了。”托丽告诉我。

肿瘤专家的态度从一开始就让托丽感到不适，他毫无同理心且居高临下。他让托丽做了额外的血检和 CT，但这两项检查均未显示任何淋巴瘤的迹象。此外，托丽除了盗汗和潮热之外没有其他症状……但正如她自己所说：“我是一个 52 岁的女人，难道这个年纪的女性不都是这样吗？”然而，肿瘤专家否定了更年期的说法，坚称她的症状是由淋巴瘤引起的，他强烈建议她尽快接受化疗。托丽说，医生告诉她如果不尽快接受化疗，她将在 5 个月内死去。

当她询问医生实验室的结果是否可能有误时，她被告知，由于两个相互独立的实验室确认了结果，因此诊断不可能出错。托丽陷入了深深的沮丧之中，除了家人和几个亲密的朋友外，她几乎没有向其他人提及此事。她的生意开始受到影响，她说：“我是独立的经营者，没有很好的医疗保险，这意味着我的医药费十分高昂……剩下的生命正在迅速走向尽头。”

因此，托丽决定与她的医生重新协商。当打电话给肿瘤专家的办公室时，她得知自己的主治医生正在休病假，办公室里的另一名医生接手了她的病例。当托丽最终见到新指定的医生时，医生询问她为什么还没有开始化疗。托丽说，她希望能从另一位肿瘤专家那里得到第二种意见。而这名医生却带着专家的傲慢回应了托丽：“你得的癌症实在太罕见了，没有人会比我更了解它！”这句话却如一道无声惊雷将托丽唤醒了，她决定从先前的无意识服从和盲目思维外包的被动困境中跳出来，深入挖掘自己的情况。

在那周的晚些时候，托丽在酒后与朋友们分享了自己的诊断结果，朋友们都很震惊。一位朋友当即致电一名她认识的肿瘤专家，这位专家碰巧正在治疗 SPTCL 的患者，并主动提出如果托丽想要预约，他可以安排面诊。

在安排了与新医生的会面后，托丽立即给自己当时的医生打电话，索要她的医疗记录副本。当托丽拿到副本时，她做了我们中很少有人会做的事。托丽没有把密封的文件袋直接交给新医生，而是开始翻阅她的医疗记录，并在网上搜索她不懂的每一个单词和概念。她觉得有必要更多地了解自己的病情。

让她大吃一惊的是，实验室结果报告通篇用“最疑似”和“最符合”等字眼将检验数据指向 SPTCL，但两个实验室都未得出决定性的结论。此外，第二份实验室报告指出，该活检样本已经送到另一个实验室，以检测所谓的“克隆性”，即描述细胞是否正在增殖的条件。托丽立即给第一位肿瘤专家的办公室打电话询问，这份关于克隆性的检测结果没有出现在原始文件中，那么结果到底是什么样的。经过努力搜寻，他们找到了那份报告，报告显示，细胞没有增殖，这一发现基本上意味着肿块没有癌变。

托丽底气十足地走进了新的肿瘤专家的办公室。尽管仍然存在对专业性的依赖，但她开始夺回控制权并独立思考了。这位新医生将活检样本发给了美国国家卫生研究院的一些医生，以确认托丽认为自己被误诊的说法。三周后，诊断结果是脂肪细胞发炎，这是一个小问题，从那以后就没有困扰过托丽。

尽管托丽毫无疑问地会因这一新发现松一口气，但她也感到愤怒至极。她指责她的第一批肿瘤专家之所以坚持要她接受化疗，是因为想从她身上榨取更多的钱。多年后，她仍坚持这一指控：“我还怪他们从未跟踪克隆性检测的结果，因为克隆性检测对于获得正确诊断至关重要。”

从那时起，托丽一直承受着这段经历带来的负面影响，她患上了创伤后应激障碍，她发现当自己阅读、观看或听到某人死于癌症的消息时，就会无法控制地哭泣起来。“毕竟，”她说，“如果我接受了化疗并活了下来，他们就会告诉我，他们已经治愈了一种我从未患过的疾病。而且，我发现了一些被诊断为 SPTCL 并接受治疗的人在化疗期间死亡了，其尸检结果显示他们从未患过 SPTCL。”

托丽是一位拥有信念的女性，她相信一切皆有因果，因此她放弃了营销顾问的工作，将自己的一生奉献给了病人权益事业，致力于推动一场患者赋权的运动。她说：“我正在尽自己最大的努力，帮助那些被误诊的人们获得赋权，将命运给予的酸涩柠檬变为甜美清凉的柠檬水。”作为这项事业的一部分，托丽陆续写了几本著作，并帮助许多患者在他们的医疗关系中重新获得控制权。

超级食物导致意想不到的疾病

对那些正在为健康而努力的人来说，不仅要注意避免摄入胆固醇等有害物质，而且要增加对有益食物的摄入。这也是为什么我们愿意追随最新的食物潮流，通过大量食用羽衣甘蓝、蓝莓或其他所谓的超级食物，来寻求更均衡的健康。这都是过度专注的症状，是我们为了健康不断寻找灵丹妙药的体现。

事实上，自 1990 年迈克尔·范斯特拉滕（Michael van Straten）和芭芭拉·格里格斯（Barbara Griggs）的畅销书《超级食物》（*Superfoods*）问世以来，人们就对这些所谓能够带来奇迹的超级食物兴趣激增。如果你搜索超级食物，亚马逊网站上会跳出近 3 000 个标题，包括从烹饪书到饮食手册的各种内容。类似“你现在需要的超级食物”这样的标题十分常见，一些鲜为人知且未经考证的超级食物也赫然在列，有的产品介绍还会出现诸如“像超级食物那样的无负担轻食”的宣传语。

超级食物公司试图将产品营造出一种历史悠久且益于长寿的感觉，这些神奇食物中的许多品种都是从古代文化中重新发掘出来的，这为它们原本就已经足够抓人眼球的故事增添了一层神秘的面纱。例如，藜麦及其近亲苋菜最初是被印加人驯化、种植和食用的，可可同样进入了阿兹特克人和玛雅人的菜单。这里并不是在暗指这些食品不健康，它们可能是健康的，但在它们的故事中包含了大量的营销成分。这些公司让你专注于特定产品的特定健康益处，从而忽略其他东西。2017 年退休的纽约大学教授玛丽昂·内斯尔（Marion Nestle）的研究领域是营养学、食品学和公共卫生，她曝光了水果和蔬菜生产商是如何支付研究费用，以便将其产品作为超级食物进行营销的。例如，美国西洋梨协会（Pear Bureau Northwest）通过提供研究经费，发布新闻通稿宣称："最新研究表明，经常食用新鲜梨对患有代谢综合征的中年男女的血压具有改善作用。"内斯尔总结道，如果梨是一种超级食物，那么"所有水果都是超级食物，你吃自己喜欢的就好了"。

生日，是一个人自然而然地对生活进行反思和做出改变的节点。让我们来看看乔·阿比（Jo Abi）的例子吧。阿比是一名澳大利亚女性，在 39 岁生日那天，她决定彻底改变自己的饮食习惯，连续三周只吃超级食物。毕竟，她在听闻了这些食物的惊人奇效之后，确信改变饮食结构可以改善健康状况，于是她急切地开始实施她的超级食物食谱。她明确地表达了当时的想法："我希望我的衣服穿起来越来越宽大，我的皮肤越来越润泽，我的脸上一直挂着平和的微笑；我希望自己能拥有清澈而明亮的眼睛、玫瑰般红润的脸颊、浓密的头发和坚韧的指甲。"

现实并不如人意。虽然阿比在一开始觉得蔬菜、坚果、豆类和浆果吃起来颇为美味，但她很快就感到非常不舒服。她说，她在整个三周内都处于轻度恶心的状态，时常会拉肚子。起初，阿比认为持续的上吐下泻是身体排毒的过程，但她很快就投降了。"到第三周结束时，"她说，"手里攥着的卫生纸就是我投降的白旗。"

阿比的超级滑铁卢经历是否源自对超级食物不合理的关注呢？我觉得她不是个例。许多对超级食物的美好愿望都被高度关注引发的反作用挫败了。以蓝莓为例，它是一种神奇的水果，在大多数超级食物清单上名列前茅。它富含维生素、可溶性纤维、植物化学物质和抗氧化剂，似乎满足了我们对食物的每一个期望，我们有什么理由不爱它呢？

可事实证明，吃太多蓝莓有可能会破坏体内抗氧化剂和促氧化剂之间的平衡。戴维·C. 普尔（David C. Poole）教授发现，过量的抗氧化剂可能会损害肌肉功能，增加运动时的疲劳感。如果这还不足以让你放下手中的蓝莓，那么如果我告诉你，抗氧化剂并不能预防癌症，甚至会诱发癌症，你会怎么办呢？

上述观点并不是庸医毫无根据的危言耸听。以发现 DNA 双螺旋结构而名声斐然的诺贝尔奖得主詹姆斯·沃森（James Watson）提出，我们通常会食用蓝莓和西兰花来去除被称为自由基的额外氧分子，它们漂浮在人体系统中。这些自由基可能是预防与治疗癌症的关键，将它们从人体中去除，反而可能带来反效果。难道我们通过大量摄入富含抗氧化剂的食物来降低癌症风险的努力，实际上却增加了我们罹患癌症的风险吗？

将这些超级食物添加到我们的饮食中还可能会诱发并发症，正如阿比的经历所示的那样产生事与愿违的结果。但问题不仅在于不是真正超级食物的超级食物，而且在于我们会不加思考地外包思维，将好的当成坏的。

有一个似乎被广大消费者群起而攻之的坏蛋就是麸质食品。无麸质食品、非转基因食品和本地有机食品都是当今健康意识强、对价格不敏感、追随潮流的美食家、雅皮士和业余营养师的消费宠儿。无麸质食品如今非常流行，甚至连 Fido 和 Spot 这样的潮流生活购物网站也加入其中，在无麸质宠物食品的销量上创下新纪录。与所有席卷一切的时尚风潮一样，无麸质食品具有强大的吸引力，让中立的路人看客也蠢蠢欲动，犹豫着是否要参与其中。《纽约客》

甚至刊登了一篇题为《抵制谷物：你应该加入无麸质一族吗？》（*Against the Grain: Should You Go Gluten Free?*）的专栏文章来帮助读者回答这个问题，相关题材的图书《谷物大脑》（*Grain Brain*）和《小麦肚子》（*Wheat Belly*）也在畅销书排行榜上强势占据了数周的位置。

与金融泡沫一样，如此跟风的行为永远不会持续太久。问题的本质在于，这种行为与现实存在很大的偏差：在总人口中，大约只有 1% 的人患有麦胶性肠病，又称乳糜泻，不到 10% 的人存在麸质不耐受的情况，现在却有近 30% 的成年美国人正试图采用无麸质饮食方式。消费者希望采用无麸质饮食的主要原因之一是，他们认为不含麸质的食品更健康，但事实通常并非如此。

事实上，对 90% 以上没有乳糜泻或麸质不耐受的人来说，许多无麸质食品其实并不比普通食品更加健康。例如，一个专营无麸质食品的品牌格鲁提诺生产出的纽约风味贝果与托马斯牌全麦贝果相比，其卡路里含量高出 26%，脂肪含量高出 250%，钠含量高出 43%，纤维含量低 50%，糖含量高出 100%，而其价格在截至本书撰写完毕之时，竟然高出了 74%！此外，由于许多无麸质食品使用米粉制作，它们含有的重金属元素砷可能超标。还有一些无麸质食品使用玉米、高粱、小米或苋莱粉制作，客观上讲，并没有哪一种比小麦更健康。

尽管存在以上事实，但无麸质饮食的风潮依旧有增无减。全球著名的市场调研公司尼尔森（Nielsen）估计，截至 2016 年，带有无麸质标签产品的销售额超过了 250 亿美元，在食品行业推出的新产品中，超过 10% 会宣称它们是无麸质食品。虽然这一趋势的数据亮眼，但其成效主要应该归功于市场营销。例如，许多品牌会在原本就和麸质无关的产品上添加无麸质标签。只添加一个标签就能大大增加销售额！这让我想起了之前的互联网狂潮，当时的公司仅仅宣布新注册了一个 URL 网址，就能在一夜之间提高估值。还有一个现象表明了无麸质饮食风潮的泡沫即将破裂，和真正患有乳糜泻的人相比，带着“跟风”“玩票”性质的无麸质饮食推崇者越来越多地遭到批评。

当然，以上这些并不意在表明，社会上不存在对无麸质食品的真正需求。我的个人经验是，潜在需求的确是存在的。2011 年 10 月，我的医生告诉我，血检结果显示我对麸质高度敏感。基于敏感性如此之高，他推荐我采取无麸质饮食方式。我提出反对，并暗示他过度诊断了我的不健康饮食方式。

我问医生：“你有没有考虑过，我其实是冰激凌过敏，我知道自己有这种病。”我承认自己对丝滑香甜的冻奶油高度上瘾。我坚持要他为我做一个基因检测，以确定我是否有乳糜泻的遗传基因。当结果出来时，我很难过地得知自己确实携带着这种基因。

我从 2011 年起就开始坚持无麸质饮食了，我真的感觉好多了。我体重减轻了，精力旺盛了，至少在我看来自己更年轻了。我的妻子似乎没有发现这些，我的孩子们说我看起来更老了，回想一下，我也更累了……但这是我的书，我正在书写我的历史，所以有了现在这本书。无论你是患有乳糜泻、麸质不耐受，还是只是跟随健康时尚的潮流达人，请放心，本章是有无麸质认证的！但我不能保证这本书的其余部分也不含麸质，因为在印刷这本书的工业园区中也屹立着生产谷物食品的工厂。

我们在这个部分如此关注麸质这个“坏蛋”，有以下两个主要原因：其一，麸质对所有人来说并非都是真正的坏蛋；其二，如果将麸质从我们的食物中踢走，那么就会留下很多漏洞，为了让原本应当含有麸质的无麸质曲奇饼、小脆饼等产品吃起来不那么像纸板子，食品公司会加入大量的糖、盐和脂肪来弥补口味的欠缺。由此，我们对麸质的关注使我们对额外的卡路里、脂肪和糖视而不见。若想采用无麸质饮食的方式来减肥，你就会看到自己越来越胖。

消费者会做出这样的不完美消费行为是情有可原的。即使他们知道自己应该吃些什么，但考虑到可供选择的食材太多，以及时间和金钱有限，他们确实难以实践完美食谱。我们中很少有人能每天轻易抽出时间浏览、挑选、购买、洗切、调味和烹饪新鲜蔬菜。我们应该到哪里寻找更易于储存、价格更低的选择呢？意大利面便宜耐放，但肯定不健康，尤其是在搭配高糖的市售酱汁时。那么无麸质的用豆子作为原料的意大利面和低糖酱汁的搭配又如何呢？这当然是更健康的，但其价格是普通搭配的 6 倍！

有时，我感觉人类未来可能就依赖于代餐了。所谓代餐，就是一瓶类似牛奶状的全配方营养补剂。无须考虑更多选择，这是一个包含我们所需的所有营养的完美解决方案，你可以把它想象成一种成人配方的婴儿奶粉。随着这种产品的不断完善，也许有一天代餐将使我们再也不用考虑对食物的选择。然而，在那之前，我们需要更好地理解如何在日常生活中做出正确的选择。

有许多证据表明我们没有做出正确的选择。因为集中关注卡路里、脂肪、胆固醇、麸质、抗氧化剂、羽衣甘蓝和许多其他细枝末节，所以我们偏离了对健康的整体认识。我们忙着沙里淘金，却不知自己身处何方。我们摄入了更少的脂肪，却日益圆润；我们摄入了更多具有防癌作用的抗氧化剂，癌症发病率却上升了。

路易丝·福克斯克罗夫特（Louise Foxcroft）在其著作《卡路里与束身衣》（*Calories and Corsets*）中，对两千年来的人类饮食进行了详尽的调查，并呼吁人们回归希腊的 diata 概念，所谓 diata，就是英文饮食一词“diet”的来源。这个概念“描述了一种完整的生活方式，而不是……一种狭隘的减肥方案。它提供了一种全面的让身心健康的方式”。我们是否可能因为过于关注食物本身而忽略了重点？我们是否能够稍稍分散注意力，从更广阔的视野中获益呢？

《纽约时报杂志》（*New York Times Magazine*）刊登了一篇名为《长寿之岛》（*The Island Where People Forget to Die*）的文章，这篇文章一针见血地挑明了

美国人对饮食和健康的盲目关注。文章指出，美国人倾向于“关注锻炼和入口的食物”，而对居住在希腊伊卡里亚岛上的人来说，“饮食只是预期寿命提高的部分原因”，而锻炼“充其量只是起了一点小作用”。事实上，社会结构可能与这两个变量一样重要，甚至更重要。可能正是在这些部分的相互作用下，整个系统朝着人们所追求的广泛长寿的目标发展。我们将在后文对这个问题进行进一步讨论。

系统性思维的逻辑有助于我们理解反馈循环，这是狭隘的专注方式可能会错过的部分。**因为将注意力高度集中在一个领域，所以我们往往看不到自己的行为如何导致我们试图避免的问题。**我们需要后退一步，拓宽视野来察看整个系统，而不是局部。但现实往往令人遗憾，我们所设想的许多解决方案正在使问题复杂化。以目前针对 2 型糖尿病患者的治疗机制为例，2 型糖尿病患者的病症是高血糖，其治疗方案是注射胰岛素来降低血糖。然而，当他们的胰岛素水平升高时，其血糖会随之升高，这是由胰岛素抵抗引起的。

冯子新（Jason Fung）博士指出，医生开出的胰岛素处方可能会增加胰岛素抵抗的风险。他说：“事实证明，注射胰岛素会导致胰岛素抵抗。人体对任何过高水平的物质都会产生抵抗。”他进一步强调了当前这种疗法可能会引发的意外后果：“我们开出胰岛素来治疗胰岛素缺乏形成的糖尿病，而过量的胰岛素本身就是问题……患者注射胰岛素，他们的体重增加，而当体重增加时，他们的 2 型糖尿病会恶化，需要注射更多的胰岛素来维持生命，如此循环往复。”这就是一个典型的恶性循环。

再举一个社交媒体的例子。社交媒体应用的初衷是将我们与朋友、家人更好地联系在一起，但它们加剧了错失恐惧。由于人们倾向于在社交平台上夸大呈现自己的光鲜人设，因此社交媒体让普通人觉得自己所处的现实比朋友圈中他人的生活糟糕得多。结果就是在当下的社会环境中，社交媒体不但没有像其原本希望的那样将用户更紧密地联系在一起，反而导致了更多的孤独、绝望和抑郁的情绪。

当我们在对选择进行决策时，可以运用系统性思维和反馈循环来帮助自己思考。**系统性思维有力地展示了后退一步，用更为广阔的视野察看整个系统的重要价值。**用联系的眼光看问题是非常重要的，虽然我们常常听到“在其他条件相同的情况下”的说法，但这是很少见的。事实上，我们的决策几乎都是在其他条件与他人不相同的情况下做出的，所以我们需要定期评估我们的行动所产生的反馈。因为在某个领域深入和专精的专家可能无法看到全局，所以综合评估、做出决策、反馈调整的任务必然会落在我们自己身上。

THINK FOR YOURSELF

我们是如何失去主见的

- 用局部视角而非整体的系统观来看待焦点，会造成严重后果。
- 当做了更多安全措施时，人们会倾向于做出更多危险行为。
- 因为将注意力高度集中在一个领域，所以我们往往看不到自己的行为如何导致我们试图避免的问题。
- 系统性思维有力地展示了后退一步，用更为广阔的视野察看整个系统的重要价值。

THINK FOR YOURSELF

第 5 章

后果 3，盲目地全盘服从

我们需要依靠他人，
但这种依靠不等于盲目服从。

在 21 世纪，我们根本无法抓住从眼前掠过的所有信息，因此需要依赖那些比我们懂得更多的人，但这并不意味着我们必须盲目地全盘服从专家、技术或规则。在 21 世纪的生活中，个体离群索居地生活显然是难以实现的，因此我们必须学会与那些比我们更了解各种事物的人合作，但我需要再次强调，我们要避免盲目的依赖和不假思索的服从。

大约每隔 9 个月，我就会把车开到 4S 店，定期让他们“找机会赚我一笔”，这种做法被许多人称为定期保养。只有当你按照制造商严格的保养规则来保养汽车时，保修才合规有效。因此，当每行驶 1.6 万千米左右，汽车就需要返回 4S 店进行一系列必要的保养，包括更换机油、调试轮胎等。

我清楚地记得，在一次汽车保养后，我接到了一位客户经理的电话。他很有礼貌地向我转述检修保养建议，并说要告诉我一个好消息和一个坏消息。好吧，又是那一套翻来覆去的话术，这是客户服务培训手册中的固定台词吗？他说，好消息是我的车已经随时可取，但坏消息是，他们发现有几个部件可能需要更换。我对这个新情况感到有点意外，他们让我考虑一下，如果我同意他们那些听起来很厉害的操作，比如更换通量电容器和水培增压排放发光二极管，以使点火交流发电机的灯丝保持在理想怠速条件的 17% 以内，那我将能够在约定的时间提车。

我思考了一下，然后假装很有主意地说："那就这么办吧。"真可笑，4S店就是拿准了我会照他们说的做。他们成功地把我的注意力吸引到了约定的提车时间上，通过让我选择是修理以按时提车，还是不修理而延迟提车，他们框定了我的选项。在这种框架下，选哪个似乎显而易见，至少我是这么认为的。我没有问这项修理有多必要，也没有问是否可以以后再修理。受到他们框架的误导，我忽视了自己还能选择拒绝。

坦白地说，除了我信用卡上的消费记录，我不知道他们是否真的做了什么明显的改动。车开起来感觉不赖，我对此很感激，但我还能有其他选择和态度吗？如果与他们提出的建议相左，那我将会花费更多时间和金钱。这让我想到了我们在前文讨论依赖和服从的内容时涉及的一个关键话题：**我们需要考虑决策外包的成本和收益。**对于低成本的话题，可能就没有必要辛苦寻求他解了。然而，当面临高风险时，参考其他意见可能就有意义了。

盲从综合征的传播

如果想通过掌控焦点来增强自己的能力，我们就需要了解盲从综合征是如何在整个社会传播开来的。幸运的是，有大量的研究可以帮助我们来预防这个问题，也许我们很快就能研制出一种"疫苗"来控制盲从综合征的大肆流行。

想象一下，你来到一所顶尖大学的心理学实验室，参加一项关于记忆和学习的实验，这个实验的目的是测试惩罚对记忆的影响。你被安排扮演一名老师，实验中的另一名志愿者扮演学生。你们俩一番寒暄以便相互熟悉，然后你看着他被绑在椅子上，手臂连接上了电极。

你进入另一个房间，被安排在一个设备前坐下，通过控制设备，你可以经由学生座椅上的电极来对学生进行电击。进行该研究的科研人员将一个传感器放在你的手上，并将设备的刻度调到“45 伏”，你瞬间便感到被电流击了一下。在你面前的设备面板上有从“轻微”到“严重”的选项，可供调节的电压强度在 15 到 450 伏之间。

在整个实验中，学生不断犯错，每犯一次，科研人员便要求你提高一次电压。在电击强度增加时，学生便开始抱怨和哀求。你望向科研人员寻求意见，他告诉你，根据实验要求，你必须继续按照规定操作。在 75 伏电压下，学生发出烦躁的咕哝声；在 120 伏电压下，学生大声尖叫；当提高到 150 伏电压时，学生不停哀求放了他。随着电压一次又一次升高，学生的哀求变得越来越撕心裂肺。当电压提高到 285 伏时，你听到学生发出一声绝望的悲鸣，此后再无声息。

你会将实验进行到哪一步？

这些实验在耶鲁大学心理学家斯坦利·米尔格拉姆（Stanley Milgram）的带领下，于 20 世纪 60 年代在纽黑文进行。在这项实验中，60% 的老师扮演者一路将电压提高到了最大挡。尽管学生扮演者都是事先安排的演员，他们并没有真正受到电击，但从老师扮演者的角度来看，学生扮演者是真的遭遇了各种程度的电击。其实，这个实验根本就不是关于学习和记忆的，相反，它旨在研究人们对权威的服从。

业内同行立即对米尔格拉姆实验提出了质疑，他们认为，耶鲁大学本科生所表现出的服从并不能代表人的普遍特质。随后，许多人试图用不同的受试者复验实验结果。从普林斯顿到慕尼黑，从罗马到南非，实验结果得到了反复验证。更令人不安的是，其他实验产生的结果甚至比米尔格拉姆所发现的更显著，在某些情况下，实验者的服从率高达 85%。

这惊人的发现在心理学领域引起了巨大的轰动。要知道，在实验之前，米尔格拉姆曾询问同事、学生和普通纽黑文市民，在他们的猜想中，有多大比例的受试者会实施最大惩罚。根据实验前的民意调查，有4%的受试者会执行300伏的电压，只有极少数人会将电压提高至最高的450伏。

这些实验向我们展示了很多人性。**当某些人拥有权力或权威时，我们便倾向于服从他们，当专家提出的某个焦点在全社会传播时，服从权威的社会氛围就形成了。**我们允许专家或我们认为具有权威的任何人来管理我们的焦点，我们屈从于他们的愿望，并允许他们强调和弱化某些信息。他们框定了我们的选择，而我们允许他们从桌面上拿走自己甚至没有意识到的选项。我们甚至在一开始就给了他们搭建这张桌子的机会。

通常情况下，服从的模式对整个社会来说是有益的，更不用说它还是有必要的。但这也意味着在许多不知不觉的情况下，我们被剥夺了权力。

实际上，我们之所以会不知不觉，是因为我们的注意力本身也被管理着。如果有人给你3个选择，然后说“来，你可以从中选择一个”，你有多少次会说“等等，我实际上并不喜欢这些选择，我要选第4个”，或者说“我一个也不选”呢？我们通常一直处于为我们而亮的聚光灯下。相反，那些我们所遵从的专家，以及间接的规则制定者、工程师和设计师，被授予了引导我们注意力的权力，有效地安装了限制我们视野的百叶窗。

如何避免顶级医生危害你的健康

每当我思考米尔格拉姆实验和对穿白大褂之人的极端服从，我就会想起我的朋友克雷格·塞雷塔尼（Craig Cerretani）的经历。塞雷塔尼的身体向来很好，他曾被芝加哥小熊队（Chicago Cubs）选中成为职业棒球运动员。虽然那已经是 20 世纪 70 年代中期的陈年旧事了，但他也一直在坚持锻炼身体。他定期去医院，严格按照医生推荐的项目进行体检。但 2009 年 9 月，在例行的年度体检中，塞雷塔尼的医生对他的心律失常感到担忧。塞雷塔尼的全科医生立即将他转诊至附近一家医院的首席心脏病专家处，以便进行详细检查。塞雷塔尼一到医院就被安排了快速检查，并于当晚住院接受严密监控。

心脏病专家得出结论，塞雷塔尼患有心房颤动，简称房颤。根据相关研究推测，美国人中有 2% ～ 3% 的人患有房颤。房颤是危险的，因为心律失常会导致脑卒中，甚至可能危及生命，也会对血压产生不利影响。

医治塞雷塔尼的心脏病专家拥有所有资格证书。这位医生医治过专业运动员，毕业于该地区的顶级医学院，获得了许多来自业内权威的研究基金，在最前沿的期刊上发表了论文，他经营的医疗机构在大波士顿地区也是最成功的机构之一。在这些熠熠生辉的头衔和经历的加持下，这位心脏病专家看上去是那么卓越而完美。

在看完塞雷塔尼的检查报告并评估了他的检测结果后，专家决定让塞雷塔尼服用一种血液稀释剂，以降低血栓引发脑卒中的风险。6 周后，当塞雷塔尼复诊接受随访时，一切看起来都很棒，他自己也向医生报告感觉良好。心脏病专家也认为塞雷塔尼的病情有了起色，基于此，他便让塞雷塔尼停用血液稀释剂。

关于塞雷塔尼是否应该使用血液稀释剂，医生的用药依据来源于医疗系统的现行规则。这听起来似乎很荒谬，仅凭一份名为 CHADS2 的量表中的 5 个测试题，医生就决定了是否要给患者开血液稀释剂。尤其是在考虑到塞雷塔尼年龄低于 75 岁，血压正常，没有被诊断出糖尿病，也没有心脏病发作或脑卒中的情况下，这个量表就成为医生要求塞雷塔尼停止服药的重要依据。

像这类评估清单能够防止医生对自己的个人能力过度自信，因为它可以让人们关注到那些原本不在自己关注范围内的事情。同理，评估清单可以帮助我们避免在金融、医学和航空等领域因知识盲区而踏进陷阱。正如阿图·葛文德（Atul Gawande）在其著作《清单革命》[①]中提到的，过去几十年来，医学取得了巨大进步，医疗手段也随之变得愈发精细复杂，因此，即便是最有能力的医生，也可能在无意中跳过一些必要的诊疗步骤，从而忽略潜在的病因和疗法。哪怕医生见过再多的病例，也可能会面临极其复杂的新问题，评估清单可以帮助医生查缺补漏。因为医生可能会将注意力集中在特定的病理分析思路上，所以如果设计得当，评估清单就可以帮助医生不遗漏其思考范围之外的风险因素。

然而，评估清单并非万无一失，比如 CHADS2 量表就没有涉及家族病史这个因素。家族病史的重要性是现代医学实践的关键发现之一，父母会将自己的生物性状通过遗传传递给下一代。这并不是说其他的后天因素在医生的考量中无关紧要，而是说家族病史是我们不可忽略的部分。

如果你得知，塞雷塔尼的父亲在 55 岁时罹患脑卒中，你会怎么办呢？如果我再告诉你，塞雷塔尼已经 55 岁了呢？我知道这并不会改变量表呈现的答案，但这个信息难道不足以让那位世界顶尖的心脏病专家进行独立思考，而不只是将自己的判断依托于医疗系统规定的条条框框之上吗？

事实上，这些医学量表和医疗系统中的操作规则大多数应当作为决策辅助工具，而非决策者本身。为什么要盲目相信对随机患者进行的学术研究所产生的理论成果呢？要知道，这些有限的随机患者样本并不能完全代表或覆盖巨大的临床患者群体。在将这些理论成果应用于临床诊断过程中时，许多医生忘记了应该在群体一般性和个体特殊性的问题上进行必要的独立思考。

---

①《清单革命》从医学入手，讲述了诸多作者的从医经历，也从多角度阐述了与现代世界有关的信息。这本书的中文简体字版已由湛庐引进，北京联合出版公司出版。——编者注

如此，你应该能想象到，塞雷塔尼接下来的经历了。

当塞雷塔尼的心脏病专家让其停用血液稀释剂仅仅三个月后，塞雷塔尼就因脑卒中而被紧急送往医院抢救。当时的神经科主治医生告诉塞雷塔尼他罹患脑卒中了，并建议立即服用组织型纤溶酶原激活剂（tPA），这是一种强力血液稀释剂，有 6% 的致死率。“这是标准的操作程序。”医生说。此时的塞雷塔尼已经无法正常表达，他同意了使用 tPA 进行治疗。

幸运的是，这次使用 tPA 的治疗成效相当喜人。历经两天在重症监护室的紧张监护后，塞雷塔尼安全转出病房。三个月后，塞雷塔尼回到先前预约的心脏病专家那儿复诊。他告诉专家自己前一阵子罹患脑卒中了，听到这个信息，这位声名显赫、极度权威的顶尖心脏病专家立刻变得非常警觉，他说：“但你的 CHADS2 量表并没有显示你存在脑卒中的风险。”

塞雷塔尼提醒专家，他的父亲在 55 岁时罹患脑卒中了，他在一次就诊时已告诉专家，而他自己罹患脑卒中正好也发生在 55 岁。

“父母或家族的脑卒中史并不是 CHADS2 量表考虑的因素，它的问题只涉及你的个人病史。”医生辩解道。

很显然，这位专家把自己的决策盲目地外包给了一个规则。其实，一次简单的网络搜索就可以对这个量表的由来追本溯源。该量表的制定是基于对 1 733 名 65 ～ 95 岁的美国医疗保险受益人进行的研究，而血液稀释剂并不在针对房颤的医保覆盖范围之内。什么？让我们再来回顾一遍这个信息，特别注意其中出现的年龄信息。在生成这个量表的临床研究中，完全没有塞雷塔尼所属年龄段的人，那位专家在没有独立思考的情况下，盲目地将这个有特定限制的规则应用于完全不同的情况。

无须赘言，塞雷塔尼就此更换了一位心脏病专家。这一次，他针对自己的情况寻找专攻房颤领域的心脏病专家。他最终在波士顿的一家顶尖医院里找到了一名心脏病专家，这个医院在学术出版、专业认证和员工资质方面都有极高声望，更重要的是，这位专家在心脏电生理学领域卓有成就，简单来说，他很擅长运用电脉冲技术除颤，并让暂停的心脏重新恢复跳动。正如塞雷塔尼告诉我的："这家伙完美匹配我的需求，正中靶心，我觉得自己就像中彩票一样幸运。"

因此，塞雷塔尼将这位看起来能充分应对自身问题的专家指定为自己的御用医生。不但如此，这位专家还告诉塞雷塔尼，他将在下周举办一个关于房颤治疗方案的研讨会，希望塞雷塔尼参加。塞雷塔尼应邀出席，由此系统地了解了治疗或治愈房颤问题的可用解决方案。若要避免开膛破肚的手术方案，第一步就是进行药物治疗，然后施以体外心脏电击治疗。你可以想象一下这个画面，随着双手操作着设备的医生大叫一声"清除"，你的心脏血管淤堵就被震开了。如果这两步治疗都无法解决房颤问题，那就可以采用一种被称为射频导管消融术的微创手术。这个微创手术通过穿刺血管，把电极导管插入心脏，在患处局部释放高频电流来疏通心血管以达到治疗目的。如果连这第三个方案也无济于事，对房颤问题的第 4 个，也是最后一个治疗方案就是所谓的"迷宫手术"。在这个治疗方案中，患者的心脏会从身体中被取出，通过物理切割形成疤痕组织，从而重新连接电脉冲，使心脏恢复正常跳动。这类关于迷宫手术的描述听起来都令人恐惧。

在研讨会结束后，塞雷塔尼预约了与医生的又一次会面，以便重新审视自己的病例。在这次会面中，塞雷塔尼见了一位心脏病专家和一位阅读了自己病历档案的外科医生。他们建议塞雷塔尼采用迷宫手术来解决问题，并指出，由于塞雷塔尼的心律不齐问题一直存在，所以解决房颤的前三个方案无法在他身上起效。"你和其他患者的情况不同。"医生们说。尤其是那位外科医生，他以一种不容置疑的权威口吻断言："我们见过各种各样的病例，迷宫手术完全匹配你的病情，除了它，没有别的方案能够解决你的问题。”

在听取方案意见的时候，塞雷塔尼注意到，另一位心脏病专家似乎也有话要说，但由于他偏重理论研究，在进行实际方案选取的问题上，他的实操专业性和权威性不足以令其直接反驳外科医生。塞雷塔尼告诉我：“心脏病专家显然不能当面反驳外科医生，所以也不会直接回答我迷宫手术是否真正适合解决我的问题……他支支吾吾的，只是在解释什么是迷宫手术，而外科医生直截了当地说，我需要接受迷宫手术。”

面诊结束后，塞雷塔尼回到家，在 YouTube 上观看了一段迷宫手术的视频。下面是他向我做的描述：“你躺在一台心脏设备上，他们取出你的心脏，然后切割它！这太疯狂了！他们把你跳动的心脏从你的身体中取出！我很害怕，我睡不着，这真是可怕极了，但他是医生！他是外科医生，是这个世界上最了解心脏手术的人，是房颤问题的权威，他肯定知道轻重，对吧？他什么都知道，他是专家……他推荐了这个方案，难道我还能怀疑他不成？”

塞雷塔尼确实向外科医生提出过质疑。心脏病专家那欲言又止的样子总在塞雷塔尼的脑海中挥之不去，使他不得不想方设法寻求其他方案。事实上，塞雷塔尼这种心理压力巨大、焦虑感十足的状态反而可能增加他心脏病发作的风险。这是何等荒谬，一个心脏病专家引发了心脏病发作！塞雷塔尼与朋友们谈及此事后，朋友们最终把他介绍到了杰里米·拉斯金（Jeremy Ruskin）医生那里，塞雷塔尼形容他“身高一米八左右，安静、体贴、谨慎”。

与塞雷塔尼一见面，拉斯金医生就问道：“你在这里干什么？为什么会来这里？”塞雷塔尼如实陈述了自己从常规体检到被推荐迷宫手术方案的痛苦经历。拉斯金医生指出，尽管迷宫手术可能是必要的终极方案，但最好能从侵入性较小的手术开始尝试。塞雷塔尼立即对拉斯金医生感到满意极了，并不假思索地接受了他推荐的方案。他们尝试了药物治疗，一些体外电击疗法，最后求助于射频导管消融术。微创手术持续了 7 小时，手术后大约 1 小时，塞雷塔尼的心脏开始正常跳动。从那时起，塞雷塔尼的心脏始终保持着健康。

塞雷塔尼的故事在许多层面上都引人入胜又引人深思。在这个故事中，专家们似乎像拥有着上帝之手的神力一般，控制着我们的意志。当塞雷塔尼的心脏病医生把血液稀释剂从他的治疗方案中剔除时，为什么塞雷塔尼不赶紧高举双手大声宣告："嘿，医生，你确定这是明智的吗，我父亲在 55 岁时出现了健康问题，而我现在也正好 55 岁了。"为什么不呢？因为医生们懂得多！

我猜测，我们中的大多数人都会认为迷宫手术是必要且有效的，而药物和体外心脏电击治疗治标不治本，因为专家的建议暗含了这样的导向。可是，多问一句"如果我们试过这个办法但没有成功，会如何呢？如果失败，会有无可挽回的消极后果吗"，这是一件很困难的事情吗？在塞雷塔尼的故事中，这个答案可能会是"不会"。

事实上，正是塞雷塔尼超乎常人的观察能力助了他一臂之力，让他在自己的健康上取得了令人欣慰的结果。他观察到心脏病专家对外科医生的建议表现出的微妙态度，让自己避免了开胸并在心脏上动刀的危险。事实上，当迷宫手术操作过程的视频令塞雷塔尼震惊时，他就开始了独立思考。正是如此，他才意识到，专家已经全面掌管了他的健康决策。他不是一架按照专家设定的程序自动巡航的飞机，而是被"劫机"的"机长"，听着专家照本宣科的意见。

从塞雷塔尼的故事中，我们能够得到一个真正的启示，明星医生可能并不总能够匹配你的情况。事实上，顶级医生甚至可能会危害你的健康。这是一种什么样的情况呢？在国际著名医学期刊《美国医学会内科杂志》(*JAMA Internal Medicine*) 2015 年的一篇文章中，研究者对 10 多年来数万名罹患急性与致命性心脏病患者的数据进行了回顾分析，发现当当地的资深心脏病医生暂离时，患者的身体状况反而表现更佳。这个研究结果出人意料，但与塞雷塔尼的经历不谋而合。数据表明，当这些顶级医生因参加美国心脏病学术会议而暂不出诊时，当地心力衰竭或心搏骤停的高危患者的存活率提高了 30%。我们是否因过度信仰首席专家、医学博士而被误导了呢？我们是否让自己对专家意见的适度依赖变成了不必要的盲目服从呢？

服从等级制度造成的核危机

当员工彻底服从等级制度时，过度专注的机制所造成的问题就会被放大。日本社会长期以来一直追崇效率至上，随之而来的却是各种风险。在集体面前，个体人微言轻，员工不断被强化对上级的绝对服从，下级在未获批准和授权的情况下决不会采取任何行动。这种机制阻碍了社会各阶层民众的独立思考，让许多日本人习惯了不去独立思考。

2011 年 3 月 11 日下午，由于盲目而绝对地信奉集体至上、服从权威和遵守工作规则，日本将一场自然灾害演变成了可怕的核灾难。这场灾难始于当天下午 2:46，东京东北约 370 千米的海域发生了里氏 9.0 级地震。在福岛县，经验丰富的渔民预感到了一场灾难即将来临，他们按照以往经验迅速登船出海。经验告诉他们，当地震来临时，远离海浪的海域比面临海啸的近岸安全得多。另一些人则为躲避海啸，陆续向内陆山区进发。

但在福岛第一核电站，似乎一切如常，至少在一开始是这样的。在 6 个反应堆中，有 3 个原本就处于正常的停堆维护状态，而另外 3 个活跃的反应堆根据设计会在地震发生后自动停堆。当地震发生后不久，核电站内的电灯重新亮起时，高度紧张的管理人员、控制人员和监管人员都暂时松了一口气。但在内部区域，工作人员感到一切都糟糕极了。

当时在现场工作的美国技术人员卡尔·皮利特里（Carl Pillitteri）说：“我

听说地震仅仅持续了6分钟，但对我来说，它就像一辈子那么漫长。你可以感到就在你的脚下，整个巨大的建筑发生了位移。室内框架纷纷倒塌，室内几乎每一盏灯都黑了，钢结构在头顶上变形移动，地上到处都是粉碎的灯泡碎片……在一纳秒内，整层楼都变黑了……我在地震发生两三分钟后就感到这次地震将非常严重。”

皮利特里和他的团队逃出核电站后，第一波海啸就在离他们大约30米的地方袭来。“它已经不像海浪，更像滔天的海墙……洪流卷入墙内拍打着墙壁，又呼啸而去。”他赶紧朝着山上走去，幸好早上来时为了在美丽晴朗的天气中散散步，他将自己租来的车停在了那里。当第一波浪潮退去时，“一片巨大、黑色、不祥的锋面从山上倾泻而下”，然后便开始下雪。此时是下午3:27。

在第一波浪潮退去8分钟后，巨浪又一次袭击核电站。这次的浪头要大得多，大约有12米高，而核电站用来保护工厂免受海啸侵袭的混凝土墙却只有10米高。反应堆和发电机眼见着就要被淹没，卡车、汽车和重型设备在暴风雨中就像轻飘飘的羽毛一样上下沉浮。下午3:37，第二次浪潮冲击两分钟后，控制室断电了。

电力对于核电站的运转来说必不可少，因为必须要对放射性燃料棒进行冷却。当放射性燃料没有得到电力驱动的循环水保障持续冷却时，它就有可能熔穿燃料棒的保护壳，并将其周围的冷却水加热沸腾，产生的大量蒸汽会与燃料棒相互作用，形成充满氢气的极度易燃易爆环境。最终，在压力的持续作用下会发生爆炸，此时保护壳便被破坏殆尽，大量的放射性物质会泄漏到大气中。

当断电发生时，反应堆就变成了一个一触即发的巨型炸弹。形势迫在眉睫，必须立即干预。凌晨3点，日本政府、核电站的所有者和运营方东京电力公司的管理层都完全理解事态的严重性，并认为最谨慎的做法就是打开反应堆的通风口以降低压力，从而尽量将爆炸风险降至最低。尽管打开通风口必然会释放一些放射性元素，但与爆炸相比，这些释放量只是九牛一毛。当时的所有相关人士都清楚地知道，为了防止核电站彻底崩溃，这是必要之举。

然而，直到早上 7 点，通风口还没有打开。核电站负责人正在执行确认当地居民已经疏散撤离的命令。在时任首相菅直人乘坐直升机前往核电站并要求东京电力公司打开通风口之前，没有人敢打开这个潘多拉魔盒。事实证明，打开通风口对于阻止更严重的灾难至关重要，然而，人们专注于对辐射泄漏的严防死守，却忽视了核电站完全熔毁和爆炸后将释放出更多辐射的可能性。

核电站负责人随后召集了所谓的“福岛敢死队”来打开通风口。上午 9 点，三队两人一组的队伍集合起来，朝着通风口走去。第一组设法将通风口打开了一个开口，第二组由于面临因口子轻微打开而产生的放射性压力不得不立即返回，第三组则放弃了任务。

3 月 12 日下午 3：36，几乎正好是第二波海啸使控制室断电 24 小时后，核电站 1 号反应堆爆炸，打断了人们为恢复核电站其他反应堆供电所做出的所有努力。在接下来的几天里，另外两个反应堆接连发生爆炸，大量放射性物质持续释放，此时任何救援工作都无法控制辐射水平了。现场如同末世将至，令人无比绝望。

因为将海水注入核反应堆以达到降温目的会使反应堆永久损毁，导致之前投入的数十亿美元血本无归，所以做这个决策所承担的压力可想而知。与此同时，所有对当前失控局势高度关注的相关人士也承认，注入海水是有可能防止核电站熔毁的。

因此，当爆炸发生 4 小时后，东京电力公司高层开始考虑向设施内注入海水的方案，这一决策必须经过极其慎重的考量。当时，他们还没有获得日本首相的首肯。当天下午，日本首相与原子能安全委员会（Nuclear Safety Commission）会长班目春树重新讨论注入海水的方案。两人考虑了达到核爆炸的临界质量的可能性：当燃料棒浸没在海水中时，会存在这样一种小概率可能性，即反应堆重新恢复裂变功能时，可能会加速热量产生。首相被警告道，发生这种情况的可能性“并不为零”。

东京电力公司在首相办公室的联络人向公司管理层表示，政府似乎反对注入海水的方案。因此，东京电力公司管理者随即命令福岛第一核电站站长吉田昌郎暂停注入海水的作业。当后来被要求为下达这一命令做出解释时，东京电力公司前执行副总裁武藤荣辩解道，当时的政府联络人曾表示，这是首相办公室的“气氛或情绪”。就连日本内阁安全事务办公室的前负责人佐佐厚之也感到荒谬：“情绪，这是在开玩笑吗，根据情绪来进行决策？”

幸运的是，吉田在日本这样一个等级制度森严的社会里做了一个不同凡响的举动。他无视命令，继续抽取海水注入反应堆。这个举动无疑是对上级权威的公然违抗，是一种独立思考而非机械服从命令的勇敢行为。当首相办公室一直将关注焦点集中在低概率的潜在风险上时，吉田则将关注焦点集中在如何通过抽取更多的海水注入反应堆以阻断燃料棒爆炸的直接危险。

当一切逐渐趋于平静，在对这个举世瞩目的巨大灾难进行回顾分析时，专家们一致认为，注入海水是冷却反应堆的唯一方法，如果当时没有这样做的话，可能会导致更严重的熔毁状况和更多的辐射释放。在爆炸发生几个月后，吉田向一名记者解释了自己当时的违令行为，他认为，再没有什么情况能够比当时的场景更加糟糕了。“停止注入海水，必然意味着死亡。”是的，这意味着核电站里的人、周边地区的人，甚至东京地区千千万万的人的死亡。1 300 万东京地区的民众在灾难发生后依然能够安守家园，在极大程度上要感激吉田这个当机立断的举措。

如果你认为吉田昌郎与平凡的你我不同，是个卓越不凡的英雄，那么请换个角度再思考一番。从表面上看，他也是个再普通不过的平凡人。当核电站发生爆炸时，他 56 岁，嗜酒如命，经常抽烟，喜欢做意大利菜。他为自己的工作感到自豪，并在危急时刻明白自己肩负着巨大的责任。他认为自己不仅要执行来自东京的命令，而且肩负拯救核电站里里外外民众生命的重担。他眼中有更大的责任，拒绝被等级制度和规则要求蒙蔽双眼。他关注长远的使命，而非眼前的任务。最重要的是，他很自信。吉田是一名未被歌颂的英雄，他拯救了许许多多的生命。许多人认为，他的违令行为无疑是能够阻止反应堆完全熔毁和辐射失控释放的唯一正确决策，这个决策可能拯救了整个东京，也可能拯救了日本的大部分地区。

你肯定认为，在如此生死攸关的时刻做出力挽狂澜壮举的吉田昌郎会就此成为一个民族英雄，并被授予日本国会荣誉勋章，对吗？情况恰恰相反。

作为对英雄壮举的回报，东京电力公司管理层对吉田昌郎的违令行为进行了口头批评。吉田在被确诊罹患食管癌后，于 2011 年年末从东京电力公司提前退休，并于 2012 年去世。据说，癌症与他在核电站的工作经历无关。

可悲的是，在日本，在东京电力公司，甚至在今天的任何一个大型组织中，像吉田这样的人物都不是占据优势的大多数人。在事故发生后不久，日本政府首次下令针对福岛第一核电站泄漏事故展开独立调查。负责调查该事件的委员会于 2012 年 7 月发布了一份措辞严厉的报告。东京大学医学院教授黑川清作为委员会会长负责整个调查任务，他用尽可能直白的叙述对事故原因进行了总结：“其根本原因是……本能服从，不愿质疑权威，盲目坚持忠于计划，群体主义和‘岛国性格’”。

在宣布调查结果的新闻发布会上，黑川警告说：“任何一个日本人如果站在对这次事故负有责任的人的立场上，结果很可能是一样的。”但我不同意这个观点。如果当时没有吉田以一己之力违抗命令并担起决策的重任，我想结果可能会比现在我们所看到的糟糕得多。此外，我也不太清楚日本的民族性如何能够用于解释这个问题。当然，文化同质性和社会对群体而非个人的重视可能加剧了问题的严重性。坦率地说，我认为黑川对日本的见解可能比他所意识到的更广泛。我们中大多数人不也是会盲目地遵循规则、专家建议和权威意见吗？

是否有这样一种可能，黑川指出的问题事实上是一个普遍存在的问题？每当我拿起那份报告细细阅读时，都不禁会被“本能服从……不愿质疑权威……盲目坚持忠于计划……”这样的字眼激发思考，这个问题在日本之外的世界范围内也随处可见。难道这不正是我们身处其中的日常生活状态吗？我们难道不是本能地服从医嘱，不愿意质疑治疗的理由，且会盲目坚持对对方医学专家身份的信任吗？如果一个汽修工告诉你，你的刹车急需更换，我们当中有谁会提出质疑呢？

还有一个鲜为人知的情况，在福岛第一核电站附近还有一座核电站，福岛第二核电站，它在应对灾难时的表现更胜一筹，其部分原因也在于有一位能够独立思考、经受住考验的领导者。他就是有着“钢铁雄心”称号的增田尚宏，面对手下员工和其他管理者弃站逃生的本能，他意志坚定地抗住了所有压力，做出了挽救核电站的艰难决定。

在那个时刻，尽管眼前的情况无比危险，增田还是动员所有员工都留在核电站现场，因为他知道士气和效率一样重要，而在灾难面前，团结无疑可以鼓舞士气。此外，他多次公然违抗总部的命令。当手握权力却对一线情况一无所知的高层发出指令，要求切断对监控反应堆至关重要的电源时，增田断然拒绝了。当增田向上级请示要求向设备内注入 4 000 吨水时，远在东京总部的管理层只给了他注入 4 000 升的权限。谢天谢地，增田此时能够独立思考，他没有接受这个上级授予的权限，而是再次要求获得更多的水量使用权。在某种程度上，增田的行为在其他情况下都可能会被视为违令。他对同僚和下属传达的指示是："不要依赖别人，让我们自己解决。"

增田和他在福岛另一座核电站的同事一样，是这场灾难中的英雄。他们独立思考的能力拯救了核电站。据报道称，由于增田尚宏的不懈努力，福岛第二核电站没有发生核泄漏。然而，在我们当中有多少人会直接站起来违抗老板的命令，而不是一味躲在"我只是个打工人"或"我只是听令行事"的幌子后面？很不幸，这样的人非常少。

人们愿意将自主权交给那些看起来比自己懂得更多的人，这种意愿既吸引人又令人厌恶，我们对此该如何看待？究其原因，**我们所处的环境过于复杂，这让我们难以承受高频率、大强度的决策行为。**如果将这些决策行为中的大部分外包出去，我们就有机会在保留自主权的领域获得更高的成功率。虽然决策外包需要负担相应的成本，但也有益处。

毕竟，对我来说，花费大量时间和精力来钻研汽车的各个部件和技术，以及学习维修下水管道和人体系统的运作方式，这些都不是在最高效地利用我的时间。如果我们想要在这个纷繁复杂的世界上生活得有序、自在，我们就需要学会依赖他人。这是现代生活中一个不争的事实，但我们不应当将这种依赖转变为盲目服从。**当我们求助于专家和权威时，必须记住他们也存在局限性。**所以，我们要多了解其他观点。

THINK FOR YOURSELF

我们是如何失去主见的

- 当某些人拥有权力或权威时，我们便倾向于服从他们。
- 当专家提出的某个焦点在全社会传播时，服从权威的社会氛围就形成了。

- 我们所处的环境过于复杂，这让我们难以承受高频率、大强度的决策行为。
- 当我们求助于专家和权威时，必须记住他们也存在局限性。

THINK
FOR
YOURSELF

第三部分

做有主见的人的五大关键

盲目服从专家的问题在于，它已成为我们面对问题时的默认路径。为了恢复主见和自我决策能力，我们需要独立思考。我们必须先了解自己获得的专业知识本身存在的限制，还要意识到自己稀缺的注意力是如何被配置的。这就要求我们认识到，是什么人或什么事在框定我们的决策。与此同时，我们需要坚持以使命为导向，明白那些坚持专精焦点的专家可以在我们达成使命的道路上助我们一臂之力，但归根到底，达成使命的责任是我们自己的。如果普世智慧在我们个体身上并不适用，那么我们就应该挣脱这些观念的束缚。我们不可能做到万事通达，所以来自各方面的观点对我们都有助益，但我们应该让专家随时待命，而不是将其奉为圭臬，绝对地信赖和服从。专业知识的深度要与纵览全局的广度相互平衡。

THINK FOR
YOURSELF

第 6 章

关键 1，将注意力放在正确的地方

我们不仅要了解自己知道什么，
而且要了解自己不知道什么。

要实现独立思考，最关键的一点就是意识到，那些注意力管理者正在对我们生活的方方面面施加影响。是谁框定了我们决策的范围？那些在舞台的聚光灯中心熠熠发光的意见领袖们向我们抛出了他们的观点，在光打不到的舞台角落还有其他可供我们参考的选择吗？**只有有效管理注意力，才能对风险和机会做好准备。**

魔术师如何控制你的注意力

在几年前的一场社交晚宴上，我刚坐下等待晚宴开始，便注意到一个男人正在四处走动，随意地与人打着招呼，最后他走向了舞台。主持人向大家介绍道，他就是“绅士小偷”阿波罗·罗宾斯。

罗宾斯可能是世界上最卓越的注意力管理大师。他精通如何全面掌控他人注意力的艺术，并以一种悄无声息的方式实现这一点。罗宾斯能够在别人全然不知的情况下，轻而易举地掏空他们的口袋。同样地，他也是一名感知管理方面的专家，能运用技巧来证明“眼见不一定为实”。许多公司、政府和机构都踏破门槛，寻求他的建议和专业知识上的帮助。

罗宾斯因进行了扒窃史上最大胆的一次尝试且获得了成功而声名鹊起。2001 年，他在美国前总统吉米·卡特（Jimmy Carter）吃饭时与总统身边的特勤人员过了过招。著名杂志《纽约客》将这次切磋绘声绘色地描述了出来：

> 罗宾斯先是与几名吉米·卡特身边的特勤人员寒暄，不到几分钟，他就几乎掏空了他们口袋里除了枪以外的所有东西。罗宾斯得意扬扬地挥舞着一份卡特的行程表，当一名特勤人员想要把行程表抢回去时，罗宾斯说："你没有身份证明来把它拿走。"特勤人员摸向证件时，罗宾斯就变出了证件并递了回去。然后，罗宾斯转向卡特身边的特勤队长，把他的手表、证件和卡特车队的钥匙还了回去。

多年来，罗宾斯一直从事着全职艺人的工作，在他的演艺生涯里，曾成功地从女演员詹妮弗·加纳（Jennifer Garner）当时的男友本·阿弗莱克（Ben Affleck）身上掏出过一枚订婚戒指并将其归还，从 NBA 巨星查尔斯·巴克利（Charles Barkley）的口袋里掏出过一大沓钞票，还从美国著名投行贝尔斯登（Bear Stearns）前主席艾斯·格林伯格（Ace Greenberg）的手腕上取走了一块百达翡丽手表。还有一次，罗宾斯设法从一名男子口袋中的皮夹里偷走了他的驾照，然后换了个皮夹放回去，并将驾照放进了他妻子手提袋中的一袋密封巧克力豆里。

罗宾斯的魔术本领并没有沦为单纯的娱乐消遣，他还是一名活跃的教育者，定期与观众、客户，甚至大众分享他的感知管理见解。他与《国家地理》联合制作了一个名为《大脑游戏》（*Brain Games*）的热门电视综艺节目，并在节目中担任主持人。TED 大会的组织者对罗宾斯的演讲给予高度赞誉，称其演讲揭示了人类在认知上的缺陷。罗宾斯还成立了一家教育培训公司，提供沉浸式培训，支持体验式学习。

说到这儿，你可能已经明白了，当涉及偷天换日的扒窃技巧时，阿波罗·罗宾斯就是地球上的超人。看了他的表演，我叹为观止。但与我一样，你可能更感兴趣的是，他到底如何做到这一切的。他的秘密是什么？

罗宾斯给我打了个电话，他告诉我，这个技法的关键在于管理注意力。罗宾斯总是在琢磨，人们的注意力究竟集中在哪里。他如天才般发现，人们的注意力是有限的，他便利用了这一点来施展魔术。事实上，他甚至用这种闪耀着天才智慧的语言描述了他的方法。当解释到他做什么和如何做时，罗宾斯告诉我："注意力就像水流，我观察它流向哪里，然后从善如流。"他甚至谈到要如何切分表演对象的"注意力馅饼"。这听起来是不是有几分耳熟？罗宾斯误导我们的注意力，使我们无视了他拿走钱包、解开手表和掏空口袋的动作。

罗宾斯不仅误导了我们的视觉注意力，而且使用触觉和声音来分散我们的注意力。他说："因为你必须在所有的感知中做选择，包括视觉、听觉和其他知觉，所以当这些感觉都在同一个点上出现时，我就能像黑客一样悄悄攻入你的感知系统，篡改你的感知接收优先级，然后在你的眼皮子底下做手脚。"

请再读一遍最后一句话。罗宾斯着眼于我们的焦点盲区，然后操控所有感知工具。例如，触摸手腕、轻拍肩膀、向左移动表演对象的身体、直视他们的双眼等，这些都是操控注意力和制造盲区的技法。由于罗宾斯事先就已经营造出了要掏空表演对象口袋的紧张氛围，所以他拿捏了局势，引导在场的观众将注意力高度集中起来，分外留心他所摸、所说和所做的事物。

注意力高度集中反而会导致更大的盲区。结合前文中提过的大猩猩实验，把这个过程想象成要求你计算从左到右的传球次数，并减去从右向左且不是触地反弹的传球次数。你看到大猩猩的概率将随着你对传球的专注程度的提升而下降。也就是说，罗宾斯像黑客一样悄悄潜入了你的感知系统，并控制了你的注意力。当你将感知高度集中在某些特定的焦点之上时，你的注意力就像被卷入旋涡的水流，你会失去注意到其他意料之外事件的能力。

事实上，当罗宾斯控制我们的感觉、视觉和听觉时，我们便失去了真正的感觉、视觉和听觉。罗宾斯的魔术给我们上了一课，他揭示了注意力对于感知得失的重要性。我们关注什么，我们铭记的便是什么；而对于关注范围之外的部分，我们便无法意识到其存在和发生。罗宾斯也向我们警示，要关注注意力。注意力是一个与时间和金钱一样需要刻意管理的变量。如若不然，我们将如本书中的例子所示，失败的风险会常伴左右。但若我们能够有意识地管理自身的注意力，我们便会意识到自己可能忽略了什么，并能够做好准备，应对自己所关注的焦点可能带来的风险和自己可能错失的机会。

亚利桑那州视觉神经科学实验室研究员苏珊娜·马丁内斯－康德（Susana Martinez-Conde）曾花费大量时间研究罗宾斯对注意力的掌控，并基于研究与人合著了《千万别上魔术的当》（*Sleights of Mind:What the Neuroscience of Magic Reveals about Everyday Deceptions*）一书。她在研究中证实，“大猩猩”无处不在，而罗宾斯就是一位制造“大猩猩”的大师。她在书中说：“当罗宾斯登上舞台时，他让人们看向某个东西，他和他们说话，他触摸他们的身体，这些都表示他在不断逼近他们，并在他们身上唤起一种他正在侵入他们个人空间的情绪反应……这完全就是注意力超载。”

注意力超载？记住，专注只是硬币的一面，另一面便是忽视。在此，我们也能混用专注和忽视，因为实际上，罗宾斯的举动也造成了过度忽视。他能够将我们的感知处理能力全部调动起来，从而切断大脑和身躯的感知连接，这就是为什么这么多人会在他面前完全摸不着头脑，感到被他耍得团团转。

《纽约时报》的科学专栏作家乔治·约翰逊（George Johnson）在 2007 年写道：“罗宾斯用他充满引力的目光和划出弧线的手势，像追光灯那样牵引我的注意力，将其转向错误的方向。当他似乎要伸手去掏我的左口袋时，其实正在从右口袋里顺东西。”

像追光灯那样牵引人们的注意力？还有什么说法比这个比喻更能抓住阿波罗·罗宾斯的表演精髓呢？因此，当华纳兄弟影片公司在制作喜剧犯罪电影《焦点》（*Focus*）时，他们聘请罗宾斯担任技术顾问也就不足为奇了。这部电影出品于 2015 年，由威尔·史密斯（Will Smith）饰演主角尼基（Nicky），这是一名以诈骗和扒窃为业的中年男子。尼基在和玛歌特·罗比（Margot Robbie）饰演的女贼杰丝（Jess）协同作案时，会传授她一些扒手技术和骗术。在相处的过程中，二人逐渐发展出了浪漫的情愫。

电影中有一幕，尼基和杰丝走到户外一块落满雪花的草坪上，尼基脱下夹克，开始了一次简短的课程，他说："说到底，这行最关键的就是聚焦。"与此同时，尼基把刚从她手指上取下的戒指还给了她。

尼基抱着杰丝，两人像芭蕾舞演员那样旋转，他继续说："现在，注意力就像一束聚光灯，而我们的工作就是在黑暗中起舞。"然后，尼基又向杰丝展示，他已经把她的手表从她手腕上取了下来。

杰丝钦佩不已，但又困惑迷茫。当她想要尽量用自己有限的注意力去搞清楚手表是怎么被取走的时候，尼基又在做下一件事了。

他接着说道："人类的大脑反应缓慢，而且不能一心多用。"尼基向她展示，他又一次偷走了她的戒指。

尼基向杰丝解释说，她需要从受害者的角度来理解："人类的行为是非常容易预测的。如果我看着自己的双手，它们很自然地就会牵引你的目光，这样一来我就能进入你的空间。但如果我抬眼看你，那就会让你很自然地直视我的双眼。"此时，尼基又向她展示，自己已经拿走了她的太阳镜。

然后，他展示了感知聚焦的强大力量。正如视觉的高度聚焦能够让你的眼皮子底下形成盲区那样，个体对于某个身体部位感知的高度聚焦也会使他们接收不到其他部位的感知信号。在触摸她的肩膀后，尼基说："我碰了你的这里，却偷了你的那里。"他把从她口袋里偷走的手机递还给她。然后他轻拍她的身体左侧，并说"我轻拍了这里，却偷了那里"，随后向她展示从她的右口袋里拿出的钥匙。

尼基最后总结道："只要你抓住他们的注意力，所有东西都手到擒来。"然后，他把戒指递还给她，这是他第三次把戒指从她的手指上取下来了。她摇摇头，微笑了一下，接着哈哈大笑起来。

当第一次看《焦点》这部电影时，我立即想到了阿波罗·罗宾斯，直到后来才知道，他就是该片制片人的技术顾问。事实上，罗宾斯当了威尔·史密斯和玛歌特·罗比三个多月的技术指导，教会他们如何真正专业地将这些技巧表演出来。史密斯说，他从罗宾斯那里学到，误导的艺术并非全是声东击西，相反，"你可以直视目标，如果你没有想着目标，你就不会处理它"。这听起来是不是和大猩猩很像？

"看门狗没有叫"，被忽略的异常事件

为了说明什么是出人意料，让我们来看看福尔摩斯最著名的故事之一《银色马》(*Silver Blaze*)。故事的开头是一匹珍贵的银色赛马在一场重要比赛的前夕失踪了。第二天早上，它的驯马师被发现死于非命。接手该案件的福尔摩斯前往现场协助调查。抵达后，福尔摩斯迅速解除了格雷戈里探长和警方重点关注的菲茨罗伊·辛普森的嫌疑。

尽管犯罪发生当晚，爱好赌马的辛普森被发现出现在马厩附近，并打听各匹马的比赛能力，在驯马师的尸体附近也发现了辛普森的夹克和围巾，但福尔

摩斯指出，如果辛普森要杀死或伤害马厩里的动物，就地作案要容易得多。他没有理由把马带到沼泽地后再伤害它。现在，马匹已经无处可寻，这个事实显然与对辛普森的指控相悖。他能够把马藏在哪里呢，他又为何要把马藏起来？

警察搜查了附近所有的马厩，但都没有找到那匹失踪的马。当福尔摩斯发现这匹马时，它就待在附近的马厩里，只是白色的前额被染料改了颜色。由于格雷戈里探长和警方将马的白色前额作为辨认焦点，所以完全没有发现附近就有一匹和失踪的赛马身形相似的马。马的额头颜色就是他们关注的篮球传球次数，而这匹马就是他们看不见的大猩猩。

福尔摩斯接着谈到了在死去的驯马师身上发现的问题。当晚在马厩守夜的小马倌被晚餐中掺入的药物迷晕了，那天晚上他吃的是咖喱羊肉，这是一道气味辛辣的菜肴，完全掩盖了药物的味道。辛普森不可能为小马倌准备晚饭，所以福尔摩斯很快就开始怀疑驯马师和他的妻子。

这个案子还有其他不同寻常之处。相较于钻研驯马师的死因，福尔摩斯思考的范围要宽泛得多。他发现驯马师一直过着奢侈的生活，并且其尸体的口袋里藏有一把手术刀。另外，还有一个看起来与破案无关的情况，那就是前几周，这个马场里有三只羊接连瘸了腿。

“夜里看门狗的古怪”成为福尔摩斯破案的关键。看门狗在案发当晚没有吠叫，这是所有人都忽略了的异常行为。格雷戈里探长和警方关注的是“发生了什么异常事件”，却忽略了“没有发生什么异常事件”。只有当作为主人的驯马师从马厩里把银色马带走时，看门狗才会保持安静；如果是陌生人作案，狗肯定会狂吠不止。

福尔摩斯总结道，真相就是驯马师计划用手术刀切伤马的部分肌肉，让它不着痕迹地输掉比赛。在这之前，驯马师一定在羊身上反复练习过，这就是为什么马场里有三只羊瘸了腿。驯马师的妻子穿着昂贵的衣服，相较于他们应有的家庭收入，这并不正常。然而，当驯马师准备在半夜动手时，马受到惊吓，正好一脚踢在了他的头上，当场就要了他的命。

这个短篇故事是一个很好的例子，可以用来说明如何运用注意力管理的方式来解开眼前的谜团。探长和警察之所以无法破案，是因为他们过度聚焦于某些事情。他们没有更多的注意力去关注其他事情，比如瘸腿的羊、昂贵的衣服以及在案发当晚安静的看门狗。他们看不到这些在其焦点之外的事情，也就是说，他们看不到大猩猩。

如果要果断地串联所有疑点，就需要跳出固有的思维方式，用宏观的视角独立思考。事实上，在整个故事中，福尔摩斯都在称赞探长敬业能干，可惜欠缺一点想象力。如果想象是一种宽泛思考的能力，让思维在各种假设场景之间游走，那么福尔摩斯对格雷戈里探长过于专注的批判就是可以理解的。格雷戈里探长没有足够的“认知带宽”来将包含线索的信息点串珠成链，因为他正忙着通过深入挖掘一个断案方向来找到新的推理线索。他不应该那么专注，而是应该扩大视野，看到更广阔的局面。

由于格雷戈里探长把注意力全部集中在了嫌疑人辛普森、导致驯马师死亡的头部伤势和失踪赛马的白色前额之上，所以没有多余的注意力来思考瘸腿的羊、咖喱羊肉和安静的看门狗。也就是说，格雷戈里探长由于过度聚焦而陷入盲区。

我们没有意识到，我们到底公开了多少关于自己的信息。事实上，我们一直在以某种微妙而矛盾的方式向外界传递自己的个人信息。例如，小偷往往更倾向于在“当心小偷”的标志牌周围游荡并伺机行动。为什么会这样呢？因为大多数人在看到这些标志牌后做的第一件事就是，检查自己身上携带的贵重物品是否还在，这反而把自己携带的贵重物品的信息暴露在外。在这里，焦点又蒙蔽了我们。我们的焦点完全集中在确认自己随身的贵重物品的安全之上，以至于将贵重物品的信息广而告之，就像在说："快来看啊，这是我随身的贵重物品，它们就在上衣口袋里！"

我很幸运，这些年来有很多朋友进入了美国的情报部门，他们非常熟悉人在无意中泄露个人信息的这种事。几年前，当我前往几个新兴但不太安全的景点旅行时，一位在美国中央情报局总部工作的大学校友建议我不要雇保镖。他的理由很直接：雇用保镖会引人注意。他还建议我，如果只是短期旅行，就不要在当地的美国大使馆登记。为什么？他指出，在美国大使馆内登记过的人经常会成为恐怖分子袭击的目标。他的建议是："穿破牛仔裤，把个人物品放在背包里，穿运动上装和运动鞋，如果有人来接你，让他开一辆普通的车，你坐在司机旁边的副驾驶座位上。"如此，就是将我的注意力从关注自身安全的角度转移到关注潜在罪犯在想什么的角度。我相信通过这个办法，当前往世界上许多最具安全挑战性的地区时，风险会降低很多。

谈判情境中的注意力

注意力管理非常重要，在生死关头尤其必要，比如在人质谈判情境中。我做个不恰当的类比，人质谈判专家可能比前文提到的职业小偷，甚至比其他任何职业的从业者都更需要掌握如何管理工作对象的注意力。一些人质谈判专家广泛关注解救人质的首要任务，另一些则机械教条地遵循教科书中的程序，按部就班地实施谈判步骤。

在此，我要说的是迈克尔·施耐德（Michael Schneider）的例子。施耐德是美国加利福尼亚州安条克市警察局的一名专业人质谈判代表。1993 年 7 月，施耐德接到命令前往挟持现场，当时一名男子正用枪指着他自己的两个孩子。施耐德与该男子谈判了几个小时，希望说服他放弃武器，并请他用脱下衬衫来表示投降。然而，为了确保孩子们能安全获救，他又花费了很长时间与挟持者谈判。与之相反，施耐德的队长非常关注营救时间，他向施耐德施压，要求施耐德设定一个最后期限。

施耐德说服了队长给他更多的时间去谈判，但最终队长还是把焦点放在了营救时间上，因而规定了 10 分钟是挟持者最后的投降期限。但令人意外的是，在 9 分钟后，这名男子扣下扳机，杀死了他的孩子，然后自杀了。后来，警察发现该男子已经脱掉了衬衫，这表明他实际上已经产生了投降之心，却在最后匆忙改变了决定。在这个案例中，队长关注如何控制严峻的局势，因此设定了严格的最后期限；而施耐德则致力于和平解决问题，不在乎所花时间的长短。基于时间的狭窄视野可能导致了这场不必要的悲剧。

注意力管理的不断迭代

打开视野在政策推行领域也是必要的，人们可以借此了解哪些政策驱动了哪些行为。**注意力管理是一个迭代过程，我们对焦点的洞察力会随着周期性迭代而越来越强。**在此，让我们来谈谈犯罪和治安政策。

以纽约市为例，许多人认为这座城市是 20 世纪 90 年代早期城市犯罪问题的典型代表。作为一个在离纽约不远的新泽西州长大的孩子，当时的我认为纽约很不安全，尤其在晚上。因此，当我高中时期在纽约著名的投资银行贝尔斯登找到一个实习机会时，我的父母有点担心。尽管他们并不放心，但我还是说服了他们允许我参加实习。通勤时间大约要两个小时，我需要先搭乘公共汽车去市区，再沿着四十二街步行到公园大道。

如果我父母知道我上下班还需步行，我敢肯定，他们不会让我接受这份工作。时至今日，当回忆起 1990 年的四十二街时，我脑海中立刻会浮现出“声名狼藉”这个词。一个家教良好的 16 岁郊区男孩不应该出现在那里。但无论如何，在这段经历中，我得以全身而退。

我记得在 1993 年，当我还是一名大学生时，纽约市市长候选人鲁迪·朱利安尼（Rudy Giuliani）发起了一场保护纽约城市安全的运动。朱利安尼将减少犯罪作为他赢得竞选的核心竞争力，作为曾经的检察官，他似乎拥有治理好这座城市的资历。尽管在今天看来很难想象，但 20 世纪 60 年代至 90 年代初，纽约的强奸犯罪率上升了近 400%，谋杀犯罪率上升了 500%，抢劫犯罪率上升了 14 倍多。正是在这种污秽横流的环境中，市长候选人鲁迪·朱利安尼提出严厉打击犯罪，并最终取得了竞选的胜利。

在赢得选举后不久，朱利安尼任命波士顿警察局长比尔·布拉顿（Bill Bratton）为纽约警察局长。布拉顿和朱利安尼积极推行“零容忍”政策，这种打击犯罪的策略源于“破窗效应”，该理论由詹姆士·Q. 威尔逊（James Q. Wilson）和乔治·L. 凯林（George L. Kelling）提出，最早刊于《大西洋月刊》（*The Atlantic*）1982 年 3 月版的一篇文章中。后来，这个理论因马尔科姆·格拉德威尔（Malcolm Gladwell）在其著作《引爆点》（*Tipping Point*）中的进一步描述而流行起来。基于该理论制定的治安政策侧重于从制止轻微违法行为做起，通过“修补破窗”，全面创造一个对轻微违法行为“零容忍”的环境。当局旨在向那些潜在的犯罪分子传递这样一个信息：任何犯罪行为都绝不容忍。制止了小型违法活动，大型犯罪活动才不会发生。

除了严惩抢劫和暴力犯罪活动之外，布拉顿还带头打击地铁站里翻越闸机逃票的乘客、当街乞讨的乞丐、露宿街头的醉汉，甚至那些未经许可就强行清洗过往车辆车窗并要求小费的洗车小工。自此之后，纽约的犯罪率大幅下降。

1993—1996 年，纽约的强奸犯罪率下降了 17%，暴力犯罪率下降了 27%，抢劫犯罪率下降了 42%，谋杀犯罪率下降了近 50%。朱利安尼和布拉顿将破窗效应理论付诸实践，并且似乎取得了明显成效。你也许会想，这是一个巨大的成功，对吗？

事实上，最终成效尚未取得明确定论。首先，正如杂志《琼斯母亲》（*Mother Jones*）上的一篇文章所指出的那样，在朱利安尼和布雷顿团队执政前几年的 1990 年，纽约的暴力犯罪活动达到了顶峰。文章接着指出："令人费解的是，在一个又一个城市中，那些在 20 世纪 90 年代初期达到顶峰的暴力犯罪活动数量先是趋于稳定，然后出现了惊人的下降。"美国许多其他城市并没有实行基于破窗效应的治安政策，但这些城市的犯罪率与纽约一样连年急剧下降。例如，华盛顿的暴力犯罪率下降了 50% 以上，达拉斯下降了 70%，纽瓦克下降了近 75%，洛杉矶下降了 78%。

针对上述现象，有许多替代性理论可以用来解释，比如在经济学上，20 世纪 90 年代的经济繁荣创造了新的就业机会，降低了人们的犯罪动机；在人口统计学上，由于年轻人口数量下降，所以犯罪分子数量也下降了。《魔鬼经济学》（*Freakonomics*）的作者史蒂芬·列维特（Steven Levitt）和史蒂芬·都伯纳（Stephen Dubner）对暴力犯罪的急剧下降做出了一个特别著名的解释，他们认为，当今犯罪率的下降原因可能是美国实行了堕胎合法化政策，并防止弃婴在缺乏关照和监控情况下成长。美国的堕胎合法化政策起源于 1973 年具有里程碑意义的保护堕胎权的"罗诉韦德案"（Roe v. Wade），在这项裁决被发布的 17 ～ 20 年后，美国的犯罪率持续下降，我们不难理解这其中存在的相关性，对吧？由于所有情况都集中发生在同一时期，所以人们无法对这些要素之间的因果关系准确下定论。

在一篇颇具说服力的调查报道中，凯文·德拉姆（Kevin Drum）全面分析了所有上述理论及其他关于暴力犯罪为什么会减少的研究。对于这些信息要点，德拉姆的归纳形式完全不同于我之前向你呈现的方式。为了解犯罪活动与犯罪动机之间错综复杂的联系，他首先接受了北卡罗来纳大学教堂山分校研究流行病学的教授卡尔·史密斯（Karl Smith）的指导，并总结了史密斯教给他的理解流行病的经验法则：

> 他说，如果“症状”的传播形式是一对一的，那么“病原”就是信息，比如“贾斯汀·比伯热”；如果传播形式是大面积传染，那么病原就是微生物，比如流感；如果传播形式是如扇形般的一对多，那么病原就是由昆虫携带传播的，比如疟疾。但如果这个“症状”同时爆发，无处不在，就像 20 世纪 60—70 年代的犯罪率激增和 90 年代的犯罪率下降所表现的那样，那么“病原”就是一个“化学分子”。

什么？一个化学分子？是的。事实上，德拉姆继续回顾了许多研究，这些研究将一种特定的物质与暴力犯罪、智商下降，甚至注意缺陷多动障碍的流行联系了起来。德拉姆在文章中引用了美国住房和城市发展部（Department of Housing and Urban Development）顾问里克·内文（Rick Nevin）的观点，内文通过计量经济学的研究证明了美国含铅汽油造成的铅中毒是如何给儿童带来各种问题的，他同时表明，90% 的美国暴力犯罪变化可以用汽车铅排放量的变化来解释。美国在 1970 年推行了《清洁空气法案》（*Clean Air Act*），其中非常明确地规定，为了解决环境问题，汽车需从使用含铅燃料转向使用无铅燃料。这个法案的推行是否无意中影响了美国的犯罪率呢？

虽然这些信息要点之间的联系是否都已得到揭示尚不可知，但是，**我们对信息要点以及它们之间的连接方式的理解和发掘都是持续迭代的，随着研究的深入，我们对事物的洞察力也在不断增强。**在这一部分的案例中，解决犯罪问题的关键在于，决策者是否能够将犯罪问题与健康研究、社会研究、经济计量分析等多学科的知识点联系起来，从而跨越知识壁垒。

公牛队的魔术，注意力管理推动成功

我们不仅要了解自己知道什么，而且要了解自己不知道什么。因为我们醒着的大部分时间都花在工作上，所以除了重要的日常人际往来，我们的生活满意度在很大程度上也源自工作关系。因此，认真管理工作焦点是工作获得成功的重要因素。然而很少有人认真考虑过，过度聚焦是如何阻碍工作开展，以及积极的注意力管理是如何释放潜力和推动成功的。

菲尔·杰克逊（Phil Jackson）是篮球史上最受尊敬的教练之一，他也是一名注意力管理的大师。20世纪90年代，他带领芝加哥公牛队获得了6次总冠军；在21世纪第一个10年内，他又带领洛杉矶湖人队获得了5次总冠军。他作为教练所取得的成功在很大程度上可以归功于他对自己和球员的注意力的引导能力，这是其他教练无法做到的。

在他的著作《11枚戒指》（*Eleven Rings*）中，杰克逊生动地讲述了如何通过有意为之的管理实践来使他麾下的球员跳出狭隘的视野。球员在广阔视野的加持下，形成了一套以终极目标为导向、具有全面大局观的作战思路。与其他球员相比，他们更能在篮球职业生涯的起起伏伏中保持稳定。杰克逊教会了他们看得更远更广。

为了做到这一点，杰克逊迫使自己采取比对手教练更宏大的战略视角。当他的大多数竞争对手专注于研究具体场次中所用战术的“好和坏”时，杰克逊专注于微调麾下球员的心态，从而让他们充分发挥出他所谓的“比赛的精神本质”。他教导他的球员学会冥想。

虽然大多数教练都试图在赛前通过发表激动人心的演讲来提振士气，但杰克逊发现，这种做法会使球员无法控制自己的注意力。相反，他“制定了许多策略来帮助他们平静下来，建立作战意识，能够泰然自若地投入战斗并控制局面”。这些策略中包括让球员在比赛前进行 10 分钟的冥想禅定。他帮助球员享受当下，充分意识到自身的想法，还鼓励球员将个体的“小我”融汇到球队的“大我”之中。尤其是在他的球队明星云集的情况下，能做到这一点就是杰克逊的传奇所在。

然而，杰克逊并没有让球员将注意力高度集中在一个单一的过程中，他并不喜欢过度专注下形成的盲目力量。正如他所说的：

> 为了增强球员的作战意识，我喜欢让他们猜测接下来会发生什么。在一次练习中，他们看起来很懒散，我便决定关掉灯，让他们在黑暗中比赛。这让比赛难度倍增，尤其是当球员试图接住迈克尔·乔丹如火箭发射般的传球时。在另一次尴尬的失败后，我一言不发，只是让他们再进行一次完整的练习。其他教练都认为我疯了，但对我来说，重要的是哪怕只是片刻，也要让球员赶快清醒过来，从而看到原来看不到的，听到原来听不到的。

杰克逊还会让他的球员接触不同的思想和观点。例如，他会让“专家来教运动员瑜伽、太极和其他身心技巧”。但外界的知识并不局限于正念练习，他还会邀请各种演讲嘉宾来为球员提供新的视角，包括“营养学家、卧底侦探和监狱看守”。他还会根据他对每个球员的了解，来选择和赠送一些图书以拓展他们的个人视野。在某一年的推荐图书里，有包括送给迈克尔·乔丹的《所罗门之歌》(*Song of Solomon*)、送给比尔·卡特赖特（Bill Cartwright）的《这个世界土崩瓦解了》(*Things Fall Apart*)、送给约翰·帕克森（John Paxson）的《禅与摩托车维修艺术》(*Zen and the Art of Motorcycle Maintenance*)、送给斯科蒂·皮蓬（Scottie Pippen）的《白人的生活方式》(*The Ways of White Folks*)、送给霍勒斯·格兰特（Horace Grant）的《约书亚：写给今天的小故事》(*Joshua:*

A Parable for Today）、送给B. J. 阿姆斯特朗（B. J. Armstrong）的《禅者的初心》（*Zen Mind, Beginner's Mind*）、送给克雷格·霍奇斯（Craig Hodges）的《深夜加油站遇见苏格拉底》（*Way of the Peaceful Warrior*）、送给维尔·佩尔多（Will Perdue）的《在路上》（*On the Road*），以及送给斯塔赛·金（Stacey King）的《瘪四与大头蛋：这本书糟透了》（*Beavis and Butt-Head: This Book Sucks*）。

杰克逊还在球队繁忙的日程表中见缝插针地安排活动，让球员获得新的视野。例如，有时当他们在休斯敦和圣安东尼奥之间进行短途旅行时，他会选择乘坐巴士往返，让球员有机会看到机场候机室以外的世界。有一次，在季后赛中惨败于纽约尼克斯队后，杰克逊做了一件让所有人都感到惊讶的事，他直接带着整个球队乘坐渡轮前往斯塔顿岛，躲开了媒体采访。

杰克逊开阔视野的活动并不局限在观光上。他坚持让他的球员多认识各行各业的人，并学会欣赏他们的擅长之处。有一次，杰克逊带着他的球队到华盛顿特区拜访了参议员比尔·布拉德利（Bill Bradley）。布拉德利也曾入选过NBA全明星阵容，他刚刚在美国参议院发表了一场激动人心的演讲。他与球队分享了他对种族、政治和篮球的看法。布拉德利参议员还向球队展示了他在办公室里精心保存的一张照片，照片抓拍了他在1971年东部决赛第七场比赛中的跳投失误，也正是这场比赛基本上终结了纽约尼克斯队当年夺冠的希望。杰克逊说："布拉德利把它放在那里，就是为了用自己犯过的错误警醒自己。"这个道理让球员们很有感触。

杰克逊敏锐地捕捉到，在那些过分自信的球员身上，过度聚焦和个人野心混合在一起，会产生一种狂妄自大和思维狭隘的有毒混合物。要知道，杰克逊本人是一位高度重视球员个人数据的教练，他当然希望其麾下干将能够尽可能多地打破个人记录，但杰克逊非常理解这种个人主义的害处，简单地说，这不会带来冠军。

无论是向专精的专家、嵌入算法的技术还是向僵化的规则寻求帮助，过度依赖外界帮助来做出决策会导致一个根本问题，那就是我们往往会盲目地遵循这些注意力管理者的指导。这是一种微妙而隐蔽的方式，让我们逐渐失去独立思考的能力。因此，**注意力管理是一项非常重要的工作，我们应当充分意识到自己所依赖的人和物身上可能存在的局限性。**

想象一下，你正独自前行在一条漆黑的街道上，并且完全迷失了方向。走着走着，前方出现了一些专家和技术人员，他们挥舞着的手电筒发出了如救命稻草般的光亮为你指引方向，但这个手电筒被他们抓在手中，只有他们才能使用。循着手电筒的光束指引，你可以看到被照亮区域的地面情况，甚至可以找到前进方向。但通过控制手电筒的光束，他们也控制了你能看到的地方，也就是你的关注点。他们本身并非心存恶意，但如果你盲目地认为，手电筒光束照亮的就是你心之所向的最佳方位，那你就有可能走上歧途。

THINK FOR YOURSELF

做有主见的人

- 只有有效管理注意力，才能对风险和机会做好准备。
- 如果要果断地串联起所有疑点，就需要跳出固有的思维方式，用宏观的视角独立思考。
- 我们对信息要点以及它们之间的连接方式的理解和发掘都是持续迭代的，随着研究的深入，我们对事物的洞察力也在不断增强。
- 我们不仅要了解自己知道什么，而且要了解自己不知道什么。
- 注意力管理是一项非常重要的工作，我们应当充分意识到自己所依赖的人和物身上可能存在的局限性。

THINK FOR YOURSELF

第 7 章

关键 2，以终极目标为决策导向

将注意力集中在终极目标之上，
不要被沿途一场又一场的
小型战斗分散注意力。

具体的战术和宏观的战略有很大区别。每一场战斗都十分重要，但归根结底，战争的全面胜利才是终极目标。在 21 世纪，我们独立思考时需要抓住一个关键要素：**将注意力集中在终极目标之上，而不是被沿途一场又一场的小型战斗分散注意力。**听取权威人士和专家的建议是必不可少的，但这也难以避免失败的风险，可能阻碍我们实现终极目标。为了减少这种可能性，我们必须始终坚持以终极目标为决策导向。

“有纪律地不服从”

正如军事战略家常挂嘴边的警言所示，切莫“打赢一场战斗，却输掉整个战争”。鉴于在 21 世纪的时代背景下，现代战争中的模糊性、分散性和不确定性日益增加，现代化作战部队很可能需要在缺乏军事指挥的情况下，迅速判断当前战斗形势，并立即做出符合指挥官战略意图的高风险决策。这就是美国陆军“任务指挥”概念背后的逻辑，该理论赋予领导者独立思考的权力，并使其努力与终极目标保持一致。

曾任美国陆军参谋长的马克 · 米利（Mark Milley）上将指出，美国陆军已经变得过度集权化、官僚化和保守化，并进一步指出，这些问题创造了一种“与我们的需要完全相反”的决策文化。他甚至呼吁，要“有纪律地不服从”，这项原则似乎与要求绝对组织纪律性的军事文化背道而驰。具体而言，米利指出：“下属需要明白他们有自由和权力违抗特定命令、特定任务，从而达成目标。”米利澄清说，这种不服从行为不是“故意为之”，而是为了实现更高的目标。这项原则的一个关键组成部分是，指挥官必须在下达命令时告诉下属，该命令是为达成什么目标而发出的。这项原则的要义本身也是为了增强部队成员对终极目标的关注。

将与目标看似无关的事联系起来

安·玛丽·墨菲（Ann Marie Murphy）是一个来自敦劳费尔的女孩，那是一个距离都柏林 11 千米的天主教小镇。她在政府保障性住房中长大，父亲是一名环卫工人，母亲是一名家庭主妇。她的父母在 13 年内生了 10 个孩子，墨菲排行第五。从外表上看，她是个害羞而美丽的女孩。

墨菲 14 岁时开始在裤袜厂工作。她每周只挣 60 美元，每天从早上 8 点到下午 5 点，坐在一个没有窗户的房间里，头也不抬地不停缝制 1 500 条裤袜。这是一份令人痛苦的工作，因此，在这样恶劣的条件下连续工作了 10 年后，当墨菲听到自己因工厂被收购而被解聘的消息时，她立刻欢喜地接受了。

与大多数因为结婚和怀孕而离职的同事不同，墨菲是个单身女孩。她魅力十足、甜美可爱，却没有男朋友。在离职后的 5 年里，她一直没能找到一份稳定的工作……但后来情况开始迅速好转。

经她的朋友特蕾莎·莱纳德（Theresa Leonard）介绍，两个女孩一起在伦敦公园巷的希尔顿酒店里当客房服务员。在入职后的几周内，莱纳德开始与一个名叫哈立德·哈西（Khalid Hassi）的约旦人约会，哈西有一个名叫尼扎尔·辛达维（Nezar Hindawi）的室友，是一名烟斗不离手的英俊记者。

墨菲和辛达维不久后也开始约会。几个月后，墨菲怀孕了。尽管作为一名国际记者，辛达维在养育孩子的问题上存在着不小的困难，但在几个月后，他还是同意和墨菲结婚了。辛达维提议他们飞往以色列的耶路撒冷，与他的家人见面。他们开始为旅行做各种准备，辛达维给了墨菲一笔钱，足够支付一张去特拉维夫的机票，还给了她 150 美元去办理护照和买几条裙子。辛达维说，他将与她乘坐不同的飞机，因为他的公司为他提供了另一家航空公司的机票。

经过几周的准备，辛达维在一个早上的 7:30 抵达墨菲住处，带她去伦敦希思罗机场，乘坐以色列航空公司（El Al）16 号航班。在最后一刻，辛达维帮墨菲打包了一个全新、轻便的有轮行李袋，并说这是他在旅行前送给她的礼物，有了这个，她就不需要拎太多行李了。他还告诉她，不要和任何人提及他们的关系，因为这可能会让她的旅行程序变得更加复杂，他会在特拉维夫等她到来。然后，他们一同前往机场，辛达维护送墨菲到了安检处，亲吻她的双颊后大步离开了。

尽管在希思罗机场的安检处花费了一些时间，墨菲还是顺利过了安检。由于她有了 6 个月的身孕，所以在登机前必须先去趟洗手间。从洗手间出来后，她朝登机口走去，在登机口关闭前 40 分钟到了那里。根据以色列航空公司的规定，她需要在登机前再接受一次额外检查。登机口处的以色列航空公司安检人员问她，到达以色列后计划待在哪里。她回答说，自己是独自旅行，将入住当地的希尔顿酒店。然而，安检人员注意到她几乎没有携带现金，也没有信用卡，这和她的旅行计划不符，于是便对她进行了一次更彻底的检查。一位怀孕 6 个月的爱尔兰女士，没有携带足够的资金和行李，只身一人前往以色列度假，这些条件综合在一起，让以色列航空公司的安检人员觉得有违常理。

墨菲的大件行李已经通过安检，被贴上适当的标签，送去托运了。安检人员便让墨菲将随身物品从行李袋中拿出并全部过检，她非常配合。安检人员通过安检机检查了未包装的随身物品，再次确认没有异常，墨菲就准备将确认无误的随身物品装回行李袋中。出于对孕妇的保护，以色列航空公司的一名男性工作人员帮助她把行李袋拿过来，却意外地发现这个空的行李袋明显比正常的要重。他开始认真检查这个行李袋，果然在底部发现了一个带拉链的内袋，里面装了重约 1.4 千克的塑胶炸药。一旦成功躲过安检，当这架载有 395 人的波音 747 飞机在希腊上方万米高空巡航时，这个炸药就会被已经编好的程序引爆。墨菲立即被逮捕并接受审讯，最终揭开了辛达维为恐怖分子工作的犯罪事实。

这场未遂的恐怖袭击发生在1986年4月17日，后来被称为“辛达维事件”。

自 1968 年第一起劫机事件发生以来，以色列航空公司的安保措施已成为以色列安全方针的典范。在此，我有意使用“方针”这个词，因为这不仅是一套让以色列航空公司卓尔不凡的安保程序，而且是一种成功管理焦点的处世哲学。

《财富》杂志将以色列航空公司称为“世界上最具诱惑力的恐怖袭击目标”。尽管这个荣誉头衔听起来有点怪，但以色列航空公司的确在挫败恐怖袭击方面取得了巨大的成功，这在很大程度上归功于他们应对不确定性的方法。

以辛达维事件为例。墨菲最开始已经通过了希思罗机场的普通安检程序，没有人发现她随身的行李中携带了炸药。这是为什么呢？是因为她“看起来很无辜”，她拿着爱尔兰护照，或者她是一个孕妇吗？在 1986 年 4 月 17 日的那个早上，在希思罗机场对乘客进行安检的安保人员难道认为自己能够一眼识别出恐怖分子的异常吗？他们识别的依据是恐怖分子的护照、体形外貌，还是性别呢？我是否可以说，就是因为存在这么多辅助判断的数据，所以安保人员对自己要注意的目标人物的典型形象过分自信了呢？

反过来想，以色列航空公司的什么方法引导着安检人员找到爆炸物，从而挽救了 395 名乘客和机组人员的生命呢？是不是一种对各种异常和风险更广泛的思考方法呢？你是不是需要意识到与恐怖分子的猫鼠游戏包含了出其不意的元素，这意味着你无法事先知道要寻找什么？如果你事先不知道自己要寻找什么，那么为何要将焦点集中于特定的信息呢？因此，**将看似无关的事物联系起来并加以重视，是一种促进真相快速浮出水面的有效方法。**

以色列航空公司前 CEO 乔尔·费尔德舒赫（Joel Feldschuh）称，公司聚焦于寻找“恐怖分子，而不仅仅是炸弹”。这表明，该航空公司不会排除通过综合典型要素进行人群画像的方式锁定犯罪分子。费尔德舒赫指出：“美国的银行和信用卡公司已经在使用人群画像……这不应该被污名化。”人群画像的识别方式暗含着种族主义问题。事实上，以色列航空公司也多次因其对阿拉伯乘客的歧视而遭到起诉。人群画像是一种能够引导焦点的工具，能够通过肤色等狭隘变量形成一套具有思维定式的人物识别模板。由此，我们可以理解，这种方法在现代社会中一定会受到批判。但是，根据不太明显的变量绘制人群画像，这个方法对于抓捕恐怖分子的确成效斐然。

曾担任空警和以色列航空公司安全经理的泽埃夫·弗里德曼（Zeev Friedman）表示，人群画像可以而且应该超越单纯的种族问题。“机票是用现金购买的吗？是单程航班吗？如果可以选择直飞，为什么选择中转航线？是否在关闭舱门前一刻才到登机口？”他接着指出，“就个人而言，这些问题没有任何意义。这只是意味着，我们把这些乘客划入了一个类别中，他们需要对一些情况进行进一步说明。”

此外，每一位搭乘以色列航空公司航班的乘客都必须接受受过专门训练的安检人员的当面询问，安检人员会观察乘客如何反应，以及是否说了真话。弗里德曼说，所有以色列航空公司的面询问题都经过专门设计，不能只用一个词来进行简单回答。要想回答这些问题，就要比回答普通问题提供更多细节，比如“这个行李是你自己打包的吗”或“有人托你携带行李通过安检吗”就不是他们会采用的提问方式。搭乘以色列航空公司的乘客必须使用完整的句子来回答他们的旅行计划，包括在哪里停留，如何、何时以及在哪里买到这张机票等具体问题。弗里德曼指出：“当有人当面询问你是怎么到的机场、你打算住在哪里、你在哪里买的机票、你是怎么支付机票钱的时候，你就很难撒谎了。”

对于这些面询程序中的问题，安检人员都持有一份乘客事先提供的答案记录；同时，他们会观察乘客在临场反应中的细微表现。如果乘客看起来难以自持地紧张，或是前后答案不一致，就像安·玛丽·墨菲那样，他们就会询问更多问题，并对其行李进行彻底检查。

以色列航空公司对安全问题的关注远不止于此，他们假定航空公司不可能万无一失，所以通过看起来繁杂的层层把关来确保安全。首先，所有托运行李都要进行 X 线检查。如果发现任何可疑物品，就会将其取出并送至地面的防爆减压室中。在这里，人们可以通过模拟可能引爆炸弹的低压条件来引爆和识别危险品。其次，在每架飞机上，都配有穿便装、全副武装的空中执勤人员。在极其罕见的情况下，假如一名被识别为可疑分子的乘客能够侥幸通过安检，并携带随身行李成功登机，这些执勤人员就会被地面告知该乘客的座位号，以便在飞行过程中实施全程监控。再次，驾驶舱门被加固，并通过设置额外的安全层以充分保护机长的安全。最后，一些以色列航空公司的航班甚至配备了“飞行卫士”反导系统（Flight Guard），这是一种红外干扰系统，用于在飞机起飞和着陆期间发射红外干扰弹，引诱红外制导导弹将打击目标从飞机转移到干扰弹。

关于聚焦于恐怖分子而非炸弹的策略，以色列航空公司的做法是，整个安全系统采用一种放大风险的安保方法来对抗具有不确定性和欺骗性的恐怖袭击。这种方法的底层逻辑是，反复检查有助于增加抓到狡猾的恐怖分子的概率。是的，这个层层筛查的安检过程看起来非常烦琐复杂，甚至显得有点多余，但事实上，这样的过程重要极了。每次与恐怖分子过招后，安保策略都会升级，“飞行卫士”反导系统的研制就源自 2002 年恐怖分子利用肩扛式导弹对民航客机发动的袭击。这种安保方法在于关注反常现象，而不是忽视它们。以色列航空公司安全系统的设计是“反脆弱”的，这种思路借鉴了黎巴嫩裔美国风险分析师纳西姆·塔勒布（Nassim Taleb）在 2012 年出版的《反脆弱》（*Antifragile*）一书中提出的相关术语。根据塔勒布的说法，“反脆弱性”就是那些受益于冲击、波动、随机、无序、压力等的特征。

聚焦终极目标，才能兼顾事物全貌

丹·比特纳（Dan Buettner）是畅销书《蓝色地带》（*The Blue Zones: Lessons for Living Longer from the People Who've Lived the Longest*）的作者，他就是一个以终极目标为导向的典范。虽然大多数健康类作家倾向于关注身体的细节问题，比如心脏健康或体重管理问题，但比特纳选择深入研究那些长寿老人，并找出他们延年益寿的原因。毕竟，健康事关整个生命，而胆固醇、血糖等问题只会在某些具体的方面影响一个人的生命质量和寿命长度。

比特纳的旅程和他的发现一样具有启迪性。与其钻研如何获得健康的科学技术，不如去看看这个世界上寿命最长的人都在吃些什么，从而寻求健康饮食的指导。他的研究目标是找到获得健康的奥义，最初的切入点就是人们的日常饮食。比特纳和大多数关心健康的人一样，认为日常饮食是影响健康和长寿的最重要因素之一。

事实上，地中海饮食法的流行是基于一项人口统计学研究，该研究指出，撒丁岛的努奥罗是世界上男性百岁老人最集中的地区。后来的研究也陆续发现了其他长寿热门区域，这些区域很快就被称为“蓝色地带”，因为长寿研究人员在地图上用蓝色圆圈标注长寿人口的集中地区。

除了撒丁岛，比特纳还在书中阐述了其他 4 个长寿地区，包括日本冲绳、哥斯达黎加尼科亚、希腊伊卡里亚，以及令许多美国人震惊的加利福尼亚州的洛玛琳达。比特纳指出，在对生活在蓝色地带的人进行长达 10 余年的访谈和观察后，他发现“饮食确实是改善健康的入口”，但他并没有就此止步。

这里有一点令人好奇，那就是蓝色地带竟然真的存在。那么，地理位置、饮食结构和长寿奥义这三者之间到底有什么关系呢？好吧，我们必须拓宽视野，考虑一下背景。事实证明，社区和社交网络是理解蓝色地带的关键。

社交网络能够用来解释包括肥胖传播问题在内的各种现象。尼古拉斯·克里斯塔基斯教授[①]和他的合作者詹姆斯·富勒（James Fowler）发现，拥有一个肥胖的朋友会使你的肥胖风险增加 45%；如果一个朋友的朋友肥胖，那你的肥胖风险就会增加 25%；如果一个朋友的朋友的朋友肥胖，那你的肥胖风险就会增加 10%；如果你的朋友开始变胖，那么你就会有 57% 的概率一起发胖。有趣的是，克里斯塔基斯指出，当《纽约时报》对这一发现进行报道时，采用的标题是《你开始发胖了吗？都怪你的胖朋友》；而另一份来自欧洲的报纸采用的标题则是《你的朋友变胖了吗？也许你是罪魁祸首》，从中不难看出美国的个人主义。

克里斯塔基斯和富勒还发现，这种在小圈子中相互传染的现象也存在于吸烟、饮酒、投票等行为之中。肥胖之类的问题可能会作为一种“社会传染病”，

① 尼古拉斯·克里斯塔基斯（Nicholas Christakis）的著作《大连接》与《蓝图》中文简体字版已由湛庐引进，分别由北京联合出版公司、四川人民出版社出版。——编者注

以类似于流感的方式蔓延开来。这就再次提醒我们，如果把身材管理的关注焦点过度集中在对饮食的选择问题之上，我们很可能就会忽视其他诱发因素。饮食只是全面健康管理这个大拼图中的一部分，而过度集中的焦点会让我们漏掉拼图的许多其他部分。

因此，蓝色地带之所以存在，会不会是因为那里到处都是健康饮食的人呢？难道关键只在于你的身边要满是健康饮食的人吗？当然，社交网络很重要，但这种社区动态并不能完全解释普遍长寿的现象。对蓝色地带的长期研究让比特纳意识到，长寿现象背后的原因是非常复杂的。于是，他便将自己的焦点放在了研究促成长寿现象的原因这个终极目标上。因为采用了以终极目标为导向的探索方式，所以他才有可能一探长寿奥秘。

比特纳最终指出："有十几个微妙而强大的、相互促进的、随处可见的因素能够助力延年益寿。"其中包括充足的睡眠、规律的性生活、和谐的家庭关系、节制的饮酒和适度的运动。将这些要素综合在一起，构建日常生活模式，再配以强烈的社区感和使命感，一个要素齐备的蓝色地带就出现了！然而，这种模式易于描述却难以复制，这就是问题的关键所在，延年益寿的妙法与任何特定的食物、活动甚至环境无关，而是与它们的组合相关。比特纳指出："对我来说最大的惊喜是，这些有助于延年益寿的因素在长时间内是会相互促进的……我确信，人们要想采用健康的生活方式，就要构建一个能够保证各种要素齐备的生态系统并生活其中。"事实证明，这个世界上没有长寿仙丹。

基于目标的投资方法

将我们的关注焦点放在正确的地方，这也有助于确保我们的财务状况稳定安全。许多人都会投资股票，无论是通过银行账户进行定投、委托经理人代管，还是在咨询理财顾问后谨慎交易，随着市场的上下波动，我们账户里的金额也在浮动，这使我们有时心情愉悦，有时情绪低落。

然而，许多投资经理会告诉我们，这种投资理念是错误的。他们会说，因为你实际上无法预测某种投资的回报，无论是股票、债券、大宗商品还是其他资产，所以你应该聚焦于考察相对回报，据此来评判他们的表现。你对他们考察的重点是他们是否能够帮助你跑赢市场，而不是你所获得的实际回报。也就是说，当某种资产的指数上涨 40%，而你的回报率只有 30% 时，你就会感觉太可怕了；但当某年中指数下跌 40%，而你的投资只损失了 30% 时，你就感觉太棒了！等等，停下来思考一下这个问题，当投资收益达到 30% 时，你感觉不妙；但当投资损失保持在 30% 时，你却感觉棒极了？

这种情况之所以会发生，有一个原因是，鉴于我们投入了大量的资金，所以我们会将焦点集中在优化回报上，这种现象是一种现代投资的错失恐惧。然而，所有证据都指向了一个令人不安的结论，即大部分投资经理跑不过他们的业绩基准。这是为什么呢？简单来说，就是因为有基金管理费。投资经理收取的管理费解释了这种差异的大部分原因。

正如耶鲁大学首席投资官戴维 · 斯温森（David Swensen）在《纽约时报》上写的那样，管理营利性共同基金的公司面临着为所有者创造利润和为投资者创造回报之间的冲突。为了盈利，共同基金管理公司需要投入大量成本进行市场营销活动以吸引投资。然而总体来说，在几十年来，共同基金管理公司的所有者享受着优于市场的业绩，而投资者的总体收益率一直低于市场。斯温森谴责这种做法，他说："利润压倒了为投资者服务的责任。"

虽然我们知道，营利性共同基金有益于管理层，而非投资者，但投资者不断涌向表现不佳的经理人，这又是为什么呢？你一定会对这种现象感到困惑。为了解开这种投资决策次优表现持续存在的原因，我读了查尔斯 · D. 埃利斯（Charles D. Ellis）写的论文，题为《东方快车谋杀案：次优表现之谜》（*Murder on the Orient Express: The Mystery of Underperformance*）。尽管我承认自己可能抱有私心，但我认为埃利斯的论文为次优表现的普遍存在提供了最好的解释。为了解开这一谜团，该论文以一种有趣的阿加莎·克里斯蒂（Agatha Christie）式的行文方式，对 4 名“犯罪嫌疑人”进行了评估，他们分别是投资经理、基金经理、投资顾问和投资委员会。这篇论文的最终结论是：每个人都有罪。还记得前文中我们是如何讨论蓝色地带的吗？如果只专注部分，你就会忽略整体。

埃利斯认为，整个投资业环环相扣的系统过于狭隘，以至于投资者无法看到应当关注的全局性目标。如果不把投资管理的具体任务转变为创造回报的终极目标，问题就不太可能获得改善。埃利斯说：“每个参与者都觉得自己在认真工作，并真诚地相信自己是清白的……直到他们不得不直面证据，并认识到自己在其中高度参与并发挥作用。无论他们是不是故意的，次优表现的问题都将持续存在。”

埃利斯还认为，在投资领域，玩家关注短线获利，这种任务导向的趋势对以长线获利为终极目标的投资取向造成了很大威胁。但如果我们将这个逻辑关系推进一步，会有什么问题出现呢？比如，如果将关注焦点放在回报率最大化上，我们是否会被各种优化方案弄得更加眼花缭乱呢？或者，我们是否会被“投资越多，回报越大”这一基本假设误导呢？抑或，我们是否可以重新思考自己投资的意义呢？我们的投资行为足够明智吗？我们能够从投资行为中获得满足吗？

事实上，随着行为学越来越多地应用于经济和金融领域，我们可以看到，人们已经从疯狂追求最优解逐渐变得合乎逻辑且理性化。这是有理论依据的，诺贝尔经济学奖获得者、管理学家赫伯特·西蒙认为，基于我们的“有限理性”，我们不可能真正地实现最优解，因此我们应该努力实现合理的目标。如果将这种逻辑应用在投资领域，它就被称为基于目标的投资行为。我知道，你可能会问：还有不是为了实现某个目标的投资行为吗？毕竟，每个人在投资时肯定都是为了某个目标而努力，比如退休后的养老无忧、孩子的大学学费或者买房资金。尽管如此，基于目标的投资行为背后的逻辑更有针对性。这种投资行为就像是在20世纪80年代的老式度假俱乐部中推广的储蓄和贷款业务，通过将固定的金额存入独立的账户，最终能够为达成某个特定目标产生一笔较大的款项。与安然退休、孩子读书和买房相比，其中的目标和投资方案都更加具体。例如，一个具体的目标可能是在10年内为孩子的大学教育存下21万美元的基金，这需要5万美元的初始投资，然后持续每月投资500美元。

上述基于目标的投资行为与传统的大学教育基金储蓄计划在关注焦点上有很大不同，因为后者缺乏一个明确的任务目标。开放的目标聚焦于收益最大化，而明确的目标聚焦于实现概率。在我对此进一步做出解释之前，让我们后退一步，了解一下投资行为背后的逻辑是什么。

现代投资组合理论的基本思想是，天下没有免费的午餐。也就是说，对于给定的风险量，存在一个能够使收益最大化的最优投资组合结构。为了获得更多的回报，你需要承担更多的风险；或者说，如果你只愿意承担更低的风险，就应该只能期待更低的回报。现代投资组合理论可以粗略地概括为：在风险和回报之间存在着需要权衡利弊的关系。这一切都是有道理的，但我们不要忘记，在给定了特定的风险容忍度的情况下，这个理论逻辑上是从收益最大化的理念衍生出来的。

基于目标的投资行为起源于养老产业，养老产业基于未来向退休人员发放养老金的义务。如果通过管理养老基金实现的获利超出了养老金的支付需求，基金管理者通常也不会得到更多的报酬，因此，一些人宁愿削减显著业绩，也要提高目标回报的实现概率。也就是说，即使这意味着可能要放弃很多计划外的盈余，也要以先达到目标收益为首要任务。

几年前，我曾有机会听到诺贝尔奖得主罗伯特·默顿（Robert Merton）为基于目标的投资行为进行的辩护，其论点的核心是将关注焦点从回报的最大化转向实现概率上。拿我在前文中举过的例子来说，如果一位客户需要为孩子的大学学费投资获利 21 万美元，难道她真的不想多挣一分钱吗？在这个案例中，她可以通过减少收益，来在承担更少风险的基础上提高成功达成目标的概率。事实上，她可以将一个期权以超过 21 万美元的回报卖给某人，并将收到的款项用于达成 21 万美元这一目标。通过将优化逻辑卖给另一个人，并专注于满足自己的逻辑，她提高了实现目标的可能性。

对这个假想的客户来说，真正重要的是确保她能够在需要用钱的时候拿得出来，比如在她需要支付孩子的学费时，她能够掏出这笔钱。基于目标的投资方法认为，人们对不同的目标有着不同的"风险－回报"偏好，不会对生活的方方面面都设定一个需要达成的终极目标。大学教育是一件人生大事，因此人们希望在这方面尽可能降低风险；而人们为了买一辆车，则愿意采用高风险高回报的投资甚至投机行为去筹钱，因为他们知道，即使计划进行得不顺利，也能买便宜点的车。**基于目标的投资方法将我们的焦点从赢得一场战斗转向赢得整个战争，它既不鼓励贪婪，也不追求虚幻。**

专注于打赢整个战争，
而不只是打赢一场战斗

那些对晦涩的会计专业细节不熟悉的人可能会将成本笼统地视为一个单一的统计类别，但事实上，在计算成本时，需要考虑不同的细分类别。例如，如果要从零开始组建一家企业，就需要先投入一系列的一次性支出，包括购买土地、在土地上建造厂房、在厂房里装满专门的机器等。这些被称为资本成本，它们不仅涉及土地等有形资产，而且包括科技创新等无形资产，比如能够提高企业内部业务协同效率的软件的开发，以及推动成果转化的专利研究等。

当前期建设投用后，企业也会产生大量的日常开支，这些开支被称为运营

成本，包括租金等经常性成本和工资等可变成本。运营成本是一家企业稳步经营、不断发展的必要条件。

此外，我们也越来越多地开始考虑生产经营活动耗费的环境成本。在谈到这个方面时，我们大多数人往往会过度关注各种设备的环境运营成本。例如，我们会考虑汽车的油耗、设备所需的电力，以及产品包装的可回收性。由于我们将关注焦点放在对运营成本的计算上，所以往往倾向于将设备所需的不太明显的环境成本降到最低。

以 iPhone 的使用习惯为例，手机每天的电量损耗都在提醒我们，我们到底消耗了多少电量在社交媒体弹出的消息提示上。我们中有谁没有经历过，因为手机显示电量不足而不顾一切地冲进一家咖啡店，点上一杯根本不想喝的咖啡，只为给手机充会儿电呢？在关注日常生活中的各种损耗时，我们往往忽略了总成本。

假如采用生命周期评估（LCA）工具进行测算，我们就可以计算某一产品或服务从取得原材料，经生产、使用直至废弃的整个过程产生的环境总成本。通过这种分析方法，我们可以了解到，一台 iPhone 从摇篮到坟墓的整个生命周期所产生的碳排放量中，有 61% 来自原材料提取与设计制造过程，5% 来自在世界各地进行的包装和运输过程，30% 来自手机操作过程，而其余部分则全部来自废弃后的处理过程。没错，现在在你使用手机的过程中，电池的日常使用所产生的碳排放量其实还不到总排放量的 1/3。

如果 iPhone 对环境的影响方式出人意料，那你就更难以相信，汽车行业是如何对我们的环境造成影响的。汽车是我们日常生活中最常见的交通工具，将其动力来源从肮脏的汽油转换为清洁的电力似乎是保护环境的一个好方法。但过度关注汽车即时尾气的排放，即关注它的环境运营成本，会让我们忽视一个更大的问题，那就是汽车制造业对环境所产生的影响。

凯文·辛格（Kevin Czinger）是一个企业家，他正在努力改变环保主义者对汽车运营成本的狭隘关注。辛格在 2013 年成立了一家名为 Divergent3D 的公司，该公司没有将关注焦点放在尾气排放问题上，而是使用生命周期评估工具来分析车辆从生产到报废所产生的对环境的总体影响。该公司不仅关注汽车使用过程中的碳足迹，而且关注其生产过程中的情况。他发现，“汽车碳排放总量的很大一部分来自制造汽车所需的材料和能源，包括采矿、加工、制造、报废等过程”，这部分的比重要比汽车运行本身所产生的环境影响大得多。如果对辛格的话进行总结，那就是“在环境问题方面，我们如何制造汽车实际上比我们如何为汽车加油更关键”。

辛格本人非常了解大多数针对交通运输业的环保主义者对尾气排放的盲目关注，毕竟他以前就是其中的一员。作为曾经的耶鲁大学橄榄球队后卫、美国海军陆战队后备队队员、唱片公司创始人、投资银行家，以及网络公司 Webvan 的高管，辛格进入清洁科技领域的最大野心就是，通过颠覆汽车的传统燃料来源来达成拯救环境的目的。

2009 年，辛格创办了 Coda 电动汽车公司。“我们曾经以为自己在拯救世界。”他后来回忆道。虽然出师未捷，但这段投身于汽车制造业的经历大大拓宽了他的焦点范围。在辛格参观生产电动汽车的工厂时，他目睹了工厂周围的严重污染，于是开始研究制造过程中的投入和产出问题。通过这个全新视角，辛格意识到车辆运行过程中产生的环境成本只是冰山一角，制造业的环境影响隐藏在表面之下。虽然致力于减少车辆尾气排放是一项有价值的工作，但对辛格来说，他的终极目标是将车辆整个制造和运行过程中的碳足迹降至最低。辛格不想只是赢得一场关于尾气排放的碳足迹战斗，却输掉整场保护环境的战争。

Divergent3D 公司正在推动所谓的“非物质化”，也就是尽量减少汽车制造过程中所需的材料和能源。Divergent3D 公司试图颠覆传统的资本密集型汽车制造工厂模式，开发出使用 3D 打印技术制造汽车的方法。辛格相信，公司的这种创新做法可以将汽车制造对环境的负面影响减少 70%。公司的预期收益非常可观，因为在未来的 40 年里，汽车的产量将会是过去 115 年间的 2 倍。Divergent3D 公司的技术还能够帮助那些小型、灵活、多样化的团队以更少的资金实现个性化汽车的设计与制造。

辛格的洞见是，即使是最优秀的创新者，也难免会陷入过度关注专精技术的解决方案这一困境之中，从而使全面思考系统性问题的能力受到损害。如果我们的终极目标是减少交通系统的碳排放量，那么为什么不将目光拉长放远，将整个交通系统所产生的碳排放量都纳入考虑范围呢？通过焦点管理和以终极目标为导向，辛格可能正在重塑制造业的未来。

专注于终极目标而不是最优解，这种方法与传统智慧背道而驰。不管我们谈论的是医疗保健、航空安全还是资金管理，人们普遍采用的逻辑是阻止疾病发生、识别恐怖炸弹，以及最大化收益等。但如果从全局来看，这些对阶段性任务的追求会阻碍终极目标的实现，那该怎么办呢？例如，假若使用清洁能源的电动汽车的制造反而加速了气候变化，那该怎么办呢？

在日常决策中采用狭隘的任务导向法，会导致我们误入歧途，此时需要停下来重新思考我们为之努力的终极目标。我们为什么要做正在做的事呢？在某些领域，夺取主动权可能比被动接受专家建议更有用。我们需要记住，我们要专注于打赢整个战争，而不只是打赢一场战斗。

THINK FOR YOURSELF

做有主见的人

- 将注意力集中在终极目标之上，而不是被沿途一场又一场的小型战斗分散注意力。

- 将看似无关的事物联系起来并加以重视，是一种促进真相快速浮出水面的有效方法。
- 基于目标的投资方法使我们的焦点从赢得一场战斗转向赢得整个战争，它既不鼓励贪婪，也不追求虚幻。
- 在日常决策中采用狭隘的任务导向法，会导致我们误入歧途，此时需要停下来重新思考我们为之努力的终极目标。

THINK FOR YOURSELF

第 8 章

关键 3，忽略噪声，学会独立思考

视野范围越小，
焦点越凝聚，
盲区越大，
越需要使用多视角看问题。

正如我们所见，管理好焦点对我们的财富、健康和幸福至关重要。专家建议和信息过滤是不可或缺的，因为这个世界过于纷繁复杂了，所以我们必须有舍才能有得。但当我们让专家来引导我们的焦点时，就很可能忽略阴影中的东西，无论是专家还是经过设计的过滤算法，他们为我们筛选出的信息都会引发这个问题。因此，学会独立思考是在 21 世纪实现自力更生的重要一步。

半个多世纪前，后来的诺贝尔经济学奖得主肯尼斯·阿罗（Kenneth Arrow）明确提出："由于医疗知识非常复杂，医生掌握的治疗结果可能性的信息必然大大超出患者，至少医患双方是这样认为的。"用经济学术语说，这种双方知识上的不平衡叫作信息不对称。简而言之，阿罗的意思是医生和病人都相信医生懂得更多，因此医生的方案就是最好的方案。由于觉得自己不能像医生那样区分治疗方案，因此"患者必须将大部分的选择自由托付给医生"。

试想一下你和一个穿着白大褂的人之间的权力动态，这位大人物是如此难以约见，在他的办公室墙上挂满了学位证明和资质证书，时时刻刻提醒着你与对方存在着多么大的信息不对称，以至于你只能一等再等。既然这个医生如此受欢迎，你为什么还要去找其他人呢？人们普遍认为，"医生的方案就是最好的方案"。虽然这的确是一种事实，但我们可以并且应该成为更加积极主动的患者。毕竟，还有谁能比你更了解自己的身体呢？

我有一位特别愤世嫉俗的朋友，他曾提出一个有趣的观点，他认为，一些医生让病人等待的策略与许多店铺采用的策略类似，都是通过让渴望踏入门槛的顾客在店门口大排长队来显示自己很受欢迎。“不然为什么会有这么多人愿意排队等 1 小时呢？”人们就是怀着这样的想法被吸引了过来。漫长的等待向潜在客户发出了一个信号，即这家店有口皆碑，其产品供不应求。当然，一些店可能人满为患，但这种情况实属少数。

如果你需要求医问诊、咨询金融专家，甚至要做出高风险的工作决策，你就必须进行独立思考，不要在信息不对称的威胁面前停止思考。尽管权力动态可能确实提示了信息不对称的问题，但这绝对不能掩盖你才最了解自己和自身处境的现实状况。**从别人那里得到的建议和指导，只是你决策过程中的一部分参考素材。**它们不多不少，只是一部分参考素材。

“广告”与“疗效”

决策外包在投资界甚为流行。在由乔恩·斯图尔特（Jon Stewart）主持的脱口秀节目《每日秀》（*Daily Show*）中，2009 年的一期节目令人记忆犹新。节目采访了吉姆·克莱默（Jim Cramer），揭露了让别人引导我们投资的风险。克莱默是热门的金融咨询节目《疯狂金钱》（*Mad Money*）的主持人，他和斯图尔特曾一起就金融市场和金融危机的问题展开过为期一周的系列讨论。

在半小时的采访中，斯图尔特笑称克莱默乃至更广泛的财经传媒行业在一定程度上误导了寻求投资指导的观众。在一些友好的玩笑之后，斯图尔特解释了为什么美国人对金融，特别是金融媒体感到失望。斯图尔特说：“美国消费者新闻与商业频道（CNBC）的广告夸大其词，而观众分不清‘广告’与‘疗效’。”

为了明确这个想法，斯图尔特播放了《疯狂金钱》的宣传广告，屏幕上立刻闪现出克莱默身着领带、表情严肃的照片，一个似乎充满智慧的声音随即响起："经济大跳水，投资边缘化。当你无计可施时，不要惊慌。克莱默支持你！"然后，节目的标志出现，让人不禁想到一张美元钞票，上面印着"我们信任克莱默"的粗体标语。观众看到这个广告后哄堂大笑，斯图尔特单刀直入地对克莱默说："我们在某种程度上都是'蛇油推销员'，我们给这个节目贴上推销蛇油的标签，把蛇油包装成维生素出售，这难道没有问题吗？"

在斯图尔特眼中，克莱默误导了他的观众。他认为克莱默在娱乐观众，但在娱乐的过程中混淆了投资行为的严肃性。通常在节目中表现幽默的斯图尔特突然变得非常严肃，他说："我无法将你应对错综复杂市场的才智和知识，与你每天晚上在节目里漫无边际的扯淡相联系……我知道你想让金融变得有趣，但这不是一场游戏。"

我最近在给我的孩子读《绿野仙踪》（*The Wonderful Wizard of Oz*），在某一刻突然意识到了克莱默和大骗子之间的相似之处。我之所以会把两者联系起来，也许是因为我最近读到了一个关于没有硬资产支持的货币危机分析，它正巧也是用《绿野仙踪》的故事做了比喻说明！在儿童版的故事中，多萝西发现巫师奥芝并没有她与狮子、铁皮人、稻草人所相信的魔法力量，于是直截了当地问道："你不是一个伟大的巫师吗？"他回答道："完全不是，亲爱的，我只是一个普通人。"

巫师说："当所有人都希望我去做他们都知道不可能完成的事情时，除了做个骗子，我还有什么其他的办法呢？"当我给孩子们读到这句话时，我不禁联想到，克莱默就是"CNBC 的巫师"，就是现代投资娱乐业的大骗子。

斯图尔特似乎也做出了相似的类比。他强调了克莱默具有明显的两面性和误导性，克莱默把重点放在了吸引眼球而不是帮助投资者上。斯图尔特认为，

“节目的目标应该是教育观众‘天上不会掉馅饼’”，克莱默对此表示认同。但斯图尔特并没有停止，继续补充道：“CNBC 还有一档节目叫《快钱》（*Fast Money*）呢！”克雷默有点尴尬地回答道：“这就是市场，你得投观众所好。”这听起来是不是和《绿野仙踪》的故事很像？克莱默在金融领域是不是那个把麸皮和钉针当作大脑兜售给稻草人的普通人？

归根结底，问题的关键是焦点管理。我们愿意对那些能拿出“投资良药”的“神仙”唯命是从，只为一解苦痛。正因如此，我们便被误导了，将焦点放在了错误的事情上。克莱默、CNBC 和大多数金融媒体将我们的焦点集中在个股和金融市场的短期变化上。作为个人投资者，我们的焦点应该放在长期投资上，而不是克莱默对某一只股票的反应如何，以及他是否会一边疯狂地向摄像机丢一只公牛毛绒玩具，一边大声尖叫：“买，买，买！”我们的焦点不应放在股市的每日变化上。**对于一般人而言，获得广泛的投资机会的最佳方式是降低成本。**但正如我将在下文中讨论的那样，这种情况也可能会发生改变。

被动投资的逻辑悖论

我认识杰克很久了，我在很大程度上把自己的成功归功于他的慷慨。1987 年，作为一名新泽西州西北部阿灵顿山公立学校的八年级学生，我听说有一所寄宿学校提供奖学金项目，该学校就位于我家所在的兰德市的西面。我当时从未考虑过就读私立学校，因为我家无力负担学费。

然而，高额的奖学金是一个充满诱惑的申请条件，你可以想象得到，当我获得奖学金和额外的生活补贴时，我是多么高兴。1988 年秋季，我进入了布莱尔学院（Blair Academy）就读，开始了 4 年的高中生活，这段求学时光时刻鼓舞着我，给了我很多信心。如果不曾获得一位捐赠者的慷慨捐助，我就不可能有机会在布莱尔学院度过这段美好的时光。这位恩人就是美国共同基金公司先锋领航（Vanguard）的奠基人、“指数基金之父”约翰·C. 博格尔（John C. Bogle），我总是亲切地称他为杰克。在了解什么是共同基金之前，我就有幸认识了杰克。他为我打开了一个充满机遇的世界，从此改变了我的生活。

在这个关于杰克的故事中，最精彩的部分是，我只是他改变的数百万人中的一员。通过改变美国投资行业的焦点，杰克帮助、保障了许多人的退休生活和未来发展。以下是一个他职业生涯中的简短故事，讲述了他是如何令人惊叹地转移焦点的。

1949 年底，杰克在普林斯顿大学就读本科，他在《财富》杂志上看到了一篇文章，开始对共同基金产生兴趣。作为经济学专业的学生，他决定写一篇关于这个行业的毕业论文。毕业后，杰克在惠灵顿基金会（Wellington Fund）找到了一份工作，通过层层晋升，最终成为董事长。1974 年，杰克在主导了一次不明智的兼并后被迫离职，之后他就开始创办另一家新公司。这家公司的名字来自英国海军将领霍雷肖·纳尔逊（Horatio Nelson）那艘拥有 74 门火炮的战舰，也就是传奇的先锋领航。

杰克确保先锋领航共同基金的股东也控制着公司本身，这样基金股东和公司的利益就能保持一致，从而使公司能够将关注点集中在降本增效上。在这个新的公司实体下，杰克创立了第一只真正的指数基金。1974 年，美国著名经济学家保罗·萨缪尔森（Paul Samuelson）写了一篇文章，呼吁创建这样一只基金，该基金追踪标准普尔 500 指数。杰克的指数基金的创立灵感就源于此。此外，杰克通过自己的研究表明，美股大多数活跃基金都跑不赢标准普尔 500 指数。

从始至终，杰克都表现出了一种以终极目标为导向的心态。他的终极目标是以最低的成本提供多样化的基金，他关注的是长期发展。他的首次公开募股比预期规模低 93%，承销商想取消交易，但杰克没有被当前任务的焦点所左右，而是回答道："哦，不，我们不要取消交易！你不知道我们现在拥有了世界上第一只指数基金吗？"杰克回忆道，当时该基金被称为"博格尔的愚蠢之作"。

在萨缪尔森等人的支持下，这只指数基金最终大获成功。如今，先锋领航控制着一些世界上最大的股票基金，并管理着美国人数万亿美元的资产。杰克为投资行业做出了至少三大贡献：首先，他引入了指数基金；其次，他降低了这些基金的成本；最后，他展示了消除营利性共同基金公司不正当激励的重要性。在整个过程中，杰克意义非凡地将许多投资者的焦点转移了，从击败市场回报这种被投资专家查尔斯·埃利斯称为"失败者的游戏"的心态转变为获得市场回报。通过帮助投资人不亏损，杰克帮助他们在投资行为中取得了胜利。

杰克的逻辑振聋发聩：请你关闭 CNBC，专注于资产配置，投资先锋领航的低成本被动指数基金，这样就可以避免许多投资陷阱。我保证，我绝对不是先锋领航的"水军"！

我需要在这里插入一个最重要的警告。被动投资背后的逻辑依赖于两件事：准确的价格和拥有一切。但这些并不总是正确的。在杰克于 2019 年 1 月不幸去世之前，他对另一种产品的出现感到焦虑，该产品吸引着希望被动获得收益的投资者，那就是创建于 1993 年的交易型开放式指数基金（ETF）。杰克在接受投资网站 Think Advisor 采访时表示："它已成为一种营销和促销游戏。"2017 年 7 月 2 日，我在金融界活跃了 30 年的朋友格兰特·威廉姆斯（Grant Williams）的新作《让你行动的事情》（*Things That Make You Go Hmmm*）出版。在"被动回归"（Passive Regression）的部分，格兰特引用了杰克的话：

> 截至 2015 年 9 月，市值 1.5 万亿美元的 100 只最大型 ETF 的年化成交量为 14 万亿美元，换手率为 864%。相比之下，同期市值 12 万亿美元的 100 只最大型股票的年化成交量为 15 万亿美元，换手率

为 117%。这 100 只最大型 ETF 的交易量约占此类股票交易量的 89%，而 15 年前这一比例仅为 7%。根据这些强有力的数据，将今天的 ETF 整体描述为现代股票市场的投机方式，绝非言过其实。

被动投资策略是一种很好的通才逻辑。如果你不可能知道一切，那么为什么不去拥有一切？但随着指数基金的爆炸式增长，每一个指数基金都比上一个范围窄，逻辑就崩溃了。如果你投资一个追踪小型生物技术公司的指数基金，这些公司在新兴市场交易所上市，而且没有国有企业或大型公司的投资，你真的得到了被动投资的好处吗？现在我们可以投资肥胖症领域的 ETF：SLIM，它跟踪定位于从减肥服务中获利的公司的业绩，其中 40% 以上投资于两家公司。这样范围狭窄的 ETF 可能对投机是有用的，但我们不要认为它们是好的被动指数基金投资。

具有讽刺意味的是，当太多人开始做被动投资时，被动投资作为一个好主意的逻辑就崩溃了。请想象一个所有人都身处其中的被动投资世界。股票的涨跌取决于流入和流出。好公司和坏公司的股价都会随着资金流入而上涨，随着资金流出而下跌。价格准确的前提，即支持被动投资的基础，被打破了。系统思维者会觉得这并不令人震惊。

如果每个人都被动投资，价格就会失去基础。事实上，被动投资隐含了一层意思，那就是在不考虑股价的情况下买卖股票。想想这句话，这有意义吗？你真的想在不考虑价格的情况下买卖吗？我们现在看到，积极投资总体上在下降，我认为这是一个令人担忧的趋势。我们希望人们关注价格！事实上，正是积极的投资社群助力价格走向其真实价值。如果没有积极的投资者，价格发现过程就会崩溃。

威廉姆斯将这一现象描述为近年来不断增长的固定收益的 ETF，他说："过去受到严格信用审查的资产……现在一键到位，信用审查随着市场波动稳步减少，债券的质量控制也随之下降，它们就这么成为 ETF。”2010 年，先锋领航指数基金只投资了标准普尔 500 指数中 20% 的公司，该基金持有的每家公司的股权超过了 5%。自那以后，先锋领航及其同行贝莱德集团（BlackRock）、道富银行（State Street）持有大量股份的公司数量都有所增加。随着越来越少的人主动选择投资公司，我担心市场会变得更加动荡。正如报告显示的那样，拥有最高被动所有权的股票更容易受到价格波动的影响，因为可供交易的股票更少。

长期投资成功的关键在于独立思考、忽略噪声。投资者需要成为一个逆势者，明白大多数人不会独立思考，反而让金融媒体管理他们的焦点；同时需要抛开热门股票和投资娱乐业的诱惑，想想什么对其风险承受能力和个人目标有意义。

“我们该怎么办，老板”

在决策和独立思考方面，任何领域的风险都没有反恐事业那样高。何塞·罗德里格斯（Jose Rodriguez）在 2002 年至 2004 年间担任美国国家反恐中心主任，他卸任后在一次巴基斯坦的公干中面临了可能是他一生中最重大的决策。但在我告诉你他遇到了什么情况之前，让我们先来了解一下背景。

英国情报机构一直在追踪一个名叫拉希德·劳夫（Rashid Rauf）的可疑分子，此人据称与巴基斯坦的基地组织领导层有关联。劳夫是一个来自伯明翰的英国人，他正在牵头策划实施一场重大的恐怖袭击。

艾哈迈德·阿里（Ahmed Ali）是劳夫的众多同伙之一，当他从巴基斯坦返回英国时，调查人员偶然有机会秘密打开了他的行李，里面装有大量电池和一些果珍饮料粉。这些物品引起了调查人员的警觉，英国当局立即展开了当时英国规模最大的监视行动，雇用数百名调查人员锁定了数十个目标。监视行动揭露了一系列令人不安的情况，包括一名可疑分子企图悄悄处理许多过氧化氢空瓶。监视小组对其实行跟踪时发现了该名可疑分子与另一人会面，经过秘密检查后他们发现，这个与可疑分子会面之人的公寓实际上是一个炸弹工厂。英国情报机构军情五处（MI5）在该公寓内安装了录音和传输设备，观察到有人用各种饮料瓶制造爆炸装置，其中一名男子后来在网吧花了两小时研究航班时刻表。

这一事件此时有了一个名字，它被称为“宽体机阴谋”（widebody plot），似乎指向恐怖分子打算同时击落多架飞往北美的飞机，并且一切都由拉希德·劳夫的基地组织分支策划。美国和英国的情报机构都越来越担心这一恐怖威胁。一些报告显示，英国情报机构军情五处已派一名卧底特工渗透该组织。越来越多的证据表明，恐怖袭击即将发生。

时任美国中情局局长迈克尔·海登（Michael Hayden）在一部关于美国情报机构的纪录片《间谍》（*Spymasters*）中说，美国和英国对恐怖威胁的分析在程序上略有不同，“英国人希望收集尽可能多的实物证据……所以当我们说‘他们持有过氧化氢’时……他们说‘我们需要更多证据……’”海登继续说：“他们收集了大量过氧化氢和一个自制配方，制成了炸药，然后将其放入运动饮料瓶中……因此，我们非常关注英国这边的情况。”

当时，罗德里格斯是海登的下属，他注意到恐怖袭击的风险与日俱增。他说：“策划者已经选好了他们将要炸毁的 10 架飞机……我对自己说‘已迫在眉睫’。”2006 年 8 月初，海登和罗德里格斯一起在巴基斯坦，罗德里格斯当时是美国国家秘密行动处处长，劳夫也正藏匿在这个国家的某个角落。罗德里格斯受邀与巴基斯坦情报局局长会面，并被告知他们可能有机会于当晚在警察检查站抓捕劳夫。

当天早些时候，美国中情局总部人员明确向英国当局承诺，美国中情局不会抓捕劳夫。此外，罗德里格斯当时指出："有人告诉我，布莱尔首相那天与布什总统进行了交谈，他们就行动需要更多时间达成了共识。"

当天晚上晚些时候，罗德里格斯与美国中情局驻巴基斯坦情报主管碰面，后者接到了巴基斯坦当局的电话，通知他劳夫乘坐的巴士正在接近警察检查站。巴基斯坦方面希望获得逮捕劳夫的授权。情报主管转向罗德里格斯问道："我们该怎么办，老板？"

如果是你，你会怎么做呢？请记住你所面临的风险，并考虑很多人的生命。但同时，美国总统向英国首相承诺过，美国不会对劳夫实施抓捕。海登总结了当时的形势："罗德里格斯必须在很短的时间内做出一个非常重大的决策。"如果罗德里格斯在当时花费时间致电海登或美国中情局总部寻求批准，正如他自己在后来指出的那样，"这相当于对行动说'不'"。

罗德里格斯冒着巨大的风险，赌上了自己在职业生涯、个人名誉以及英美情报界多年建立的信任，批准了这次抓捕行动。尽管有不抓捕的协议，但罗德里格斯还是独立思考了眼前的局势。正如海登后来所说的，"他的决定是'我不能错过抓住拉希德·劳夫的机会'，他也这么去做了"。在罗德里格斯的坚持下，阴谋被挫败，数百人的生命得到挽救，也防止了进一步的全球恐慌。

几周后，《纽约时报》披露，在英国开展的突袭行动中发现了 7 盘恐怖分子"殉道"的录像带。此外，经过数字化取证，当局发现了针对特定航班发动袭击的文件，这些航班由美国联合航空公司（United Airlines）、美国航空公司（American Airlines）和加拿大航空公司（Air Canada）运营，都是从伦敦希思罗机场出发，飞往旧金山、多伦多、蒙特利尔、芝加哥、华盛顿特区、纽约等北美主要城市。

由于突袭行动的成功和劳夫所在的恐怖组织的解体，后来在对几名策划者的审判中，当局获取的信息证实了先前的怀疑。策划者计划在飞机上使用过氧化氢混合物制造炸药，并用电池引爆。现在，你应该知道为什么乘客在美国乘坐商用飞机时会被限制随身携带超过 100 毫升的液体登机了吧。

正如罗德里格斯的故事告诉我们的，独立思考的风险可能非常高。但是，如果他没有独立思考，或者决定不顾当前局势等待上级命令，那么后续情况将会如何发展，我们就不清楚了。幸运的是，它并没有发生……但那的确是千钧一发的险情，在很大程度上，一位官员在危急关头坚持独立思考，阻止了险情发生。

伟大的突破源自独立思考

作为一个 30 多岁、缺乏资金管理经验的金融家，戴维·斯温森受其恩师、诺贝尔奖得主詹姆斯·托宾（James Tobin）之邀，从华尔街回到了母校耶鲁大学，管理该校的捐赠基金。斯温森没有顺延前人的经验方法，而是如一张白纸般开始自己在新岗位上的工作。他以“第一性原理”为指导，发现看似处于窘境的耶鲁捐赠基金具有投资回报期长、免税、能够有效应对流动性不足问题等优势，所以与同行机构相比，耶鲁捐赠基金投资组合中对私募股权、风险资本、对冲基金等另类资产的权重更大。他提出了自己的指导方针，不依赖他人的想法，制订了一个他认为颇有成效的投资策略。斯温森没有寻求外部验证，没有组建焦点小组，也没有遵循业内的常规逻辑，只是进行了独立思考。

斯温森提出了一种简单、合理的投资策略，它源自所有投资组合的 3 个回报来源：市场时机、证券选择和资产配置。市场时机是选择何时买入和卖出；证券选择是决定进行哪些个人投资；资产配置是将投资分散到不同领域，如股票、债券和现金。

与证券选择和市场时机相比，资产配置，即你在不同投资类别之间分配资金的比例，所产生的回报占投资者回报的 90% ～ 100%。这个数字甚至可能超过 100%，因为当你高买低卖时，考虑到各种交易费用、税收等成本，越是主动盯着市场和积极选股，越有可能亏损。正如斯温森在我的课堂上向我的学生解释的那样，“资产配置无疑是我们作为投资者所拥有的最重要的工具”。

斯温森进行独立思考的成果不言而喻：耶鲁投资办公室（Yale Investment Office）创造了捐赠基金管理领域最好的长期业绩纪录之一。但是，除了是一位优秀的资产管理者，斯温森在耶鲁大学里还是一位有口皆碑的好老师、好同事。他在耶鲁投资办公室里的前同事们正在管理着世界上所有最著名高校的捐赠基金，包括麻省理工学院、鲍登学院、宾夕法尼亚大学、斯坦福大学、普林斯顿大学、维思大学（Wesleyan University）以及许多其他知名院校。虽然一些人能在短期内超过斯温森的投资业绩，但没有人能够与耶鲁投资办公室创下的长期业绩相媲美。斯温森的投资业绩为耶鲁大学带来了数十亿美元的经费支持，使耶鲁大学能够改善设施、开展开创性研究，并能不计成本从世界各地招募最有潜力的学生。简而言之，如果斯温森没有进行独立思考，耶鲁大学就不会是当下的样子。

那些无法欣赏独立思考和新鲜视角的人们并不能抓到这个关于戴维 · 斯温森的故事的本质。康桥汇世（Cambridge Associates）是国际顶尖的大型捐赠基金和基金会投资咨询公司，其前 CEO 桑德拉 · 尤里（Sandra Urie）曾在与我喝咖啡时讲述了一个故事。她回忆起她的一位大客户曾委托她招聘一名新的首席投资官，并明确要求找“像戴维·斯温森那样的人”。尤里回答说：“可以啊，所以你是想要找一个 30 多岁、没有理财经验的人吗？”我想，你可以想象故事接下来将会如何发展。

请回想一下前文中提到的关于特丽莎 · 托丽的故事。当她面对所处的复杂动态时，唯一对问题有全面认知的人就是托丽自己。如果她没有积极地独立思考，参与对自己疾病的探索和钻研，她就很可能会被误诊为一种她不曾患上的疾病并接受治疗。医学专家令她失望的还不止于此，比如，为什么外科医生将实验室提供的检测报告作为决策的关键性依据，他是不是太忙了，忙得没时间去思考或认真评估这份报告在诊疗中的适用性；为什么不做细胞增殖这种用来判断是否为恶性肿瘤的终极检测，是不是因为这名外科医生不想进一步进行诊断，只想把她直接移交给肿瘤医生治疗？让我们回忆一下托丽的求医之路，从她的家庭医生开始，家庭医生把她送到外科医生那里，然后外科医生又把她送到肿瘤医生那里。这个过程中的每一步都是在不断缩小视野、凝聚焦点，并形成更大的盲区。你可以想象整个过程，这个过程呈现的是焦点越来越集中，而不是跨越孤岛和使用多个视角。

不幸的是，托丽的故事可能并不是偶发事件，医学误诊并不像我们所希望的那样罕见。根据亚瑟·埃尔斯坦（Arthur Elstein）的研究，医生会有 10% ～ 15% 的概率错误地诊断患者的疾病，这一研究发现应当让我们警觉，我们必须作为自己健康的第一责任人，学会独立思考。

托丽跨过了一个常见的陷阱，当把自己的决策权外包时，许多人都会陷入这个陷阱之中。她没有盲目依从与第一意见相同的第二意见，而是跳出框架，找到另一个真实、中立而可靠的第二意见。这是她的故事发生转折的关键节点，如果她没有独立思考，这是不可能发生的。

从这些故事和许多其他故事中可以明显看出，**沿袭和效仿他人的做法很难实现伟大的突破。**如果戴维·斯温森在接管耶鲁大学捐赠基金时采纳或者微调当时最好的基金经理的管理策略，而不是回归第一性原理，他可能就不会想出一个如此新颖和成功的投资模式。他没有推崇哈佛商学院关于捐赠基金经理的成功案例，而是成了成功案例之一。因此，尽管独立思考并非易事，但我们都应该为此花费时间。

做有主见的人

- 从别人那里得到的建议和指导，只是你决策过程中的一部分参考素材。
- 长期投资成功的关键在于独立思考、忽略噪声。
- 沿袭和效仿他人的做法很难实现伟大的突破。
- 视野范围越小，焦点越凝聚，盲区越大，越需要使用多视角看待问题。

THINK FOR YOURSELF

第 9 章

关键 4，综合多重视角寻求解决方案

成为通才有助于利用综合多重视角
来寻求问题的最优解。

信息爆炸在当今社会愈演愈烈，专业化程度随之不断加深。**成为通才有助于应对知识日益精深、狭窄的现状，通才采用三角测量策略，综合多重视角来寻求最优解。**理论上来说，每种观点都存在局限性，因此，三角测量策略有助于我们更广泛、更灵活、更开放地理解他人的观点，也有助于我们更好地应对在当今世界中普遍存在的不确定性。

多重镜头的力量

《刺杀据点》（*Vantage Point*）是一部上映于 2008 年的电影，由福里斯特·惠特克（Forest Whitaker）和西戈尼·韦弗（Sigourney Weaver）主演。该片讲述了美国总统在演讲中遭到枪击的前 20 分钟，它从几个不同的视角揭开了刺杀行动背后的真相，这些视角包括一个移动电视演播室、一名特工、一名当地警察、一名美国游客、美国总统，以及发动袭击的恐怖组织。观众可以看到每个视角的局限性，只有当所有的情节在最后汇聚时，才能完全理解每个人都做了什么。如果你还没有看过这部电影，我强烈建议你去看一看，因为这部电影就是一个好例子，说明每个视角都存在局限性。

用类似手法进行艺术呈现的作品还有1990年播出的电视剧《星际迷航》中的一集《视角问题》(*A Matter of Perspective*)，这一集以一名科学家被谋杀的案件为中心，探索“企业号”上的人会如何感知现实和记忆事件。另外，奈飞热播的科幻连续剧《超感八人组》(*Sense8*)将同理心提升到了一个新的高度，来自不同国家不同城市的8个陌生人实现了通感，他们不仅共享情感，而且共享视野，观众能够身临其境地感受到每个视角的局限性。

在个人层面上，具备同理心并在更宏大的背景下解读自己的处境，有助于你更好地理解自己。这让我们有底气，无论身处于人生的高峰还是低谷，都能够不以物喜，不以己悲。我曾经历过一段非常困难的时期，它在我的记忆中留下了不可磨灭的伤痕。当时，我的妻子刚刚辞去工作准备创业，而我不巧也失业了，在我们都没有任何医疗保险的情况下，我们18个月大的女儿突然被送入急诊室抢救……一切都糟糕极了。除了焦心于孩子的健康，我们还深深地担忧自己的经济状况，因为美国的医疗费非常高。但我知道不好的日子终将过去，所以我们坚持了下来。后来，我读到了《美国统一综合预算协调法案》(*COBRA*)，这个法案让我们能够追溯投保。

翻转视角，可以得到不同答案

2013年年初，我和妻子克里斯汀决定卖掉我们位于马萨诸塞州布鲁克林的公寓。我们卖出了好价钱，此后就开始着手寻找合意的新房。但我们在当时完全没有意识到，银行的交易规则会给我们的计划泼上一盆冷水。我们最终确定了要买的房子，我立即向美国银行（Bank of America）申请抵押贷款，我的个人支票、商业支票和现有的抵押贷款都是在这家银行办理的。此时，我已经成为自由职业者，但我有着近乎完美的征信记录，并且一直按时支付账单。哦，我和克里斯汀还能支付房款50%以上的首付。我当时想，买下这套房子会很容易，美国银行会支持的。

然而，我错了。在银行与一位抵押贷款专家交谈了大约 20 分钟后，我被告知自己可能不具备贷款资格。

“你没有稳定的工作。”他毫无表情地解释道。这是事实，但通过提供咨询和演讲，我的收入比我有稳定工作的时候还要高。

“你的收入也不稳定。”他补充道。同样，在他看来，这是一个公正的判断，于是我向他展示了手头的咨询合同，其中有月度和年度的佣金。

“这些合同可以随时终止。”他接着说。是的，这也是事实，但难道有稳定工作的人就不可能被解雇吗？我解释说，事实上，与我同时被十几个人解雇相比，那些从事传统工作的人被一个人解雇的概率要大得多。

他强调说，我成为自由职业者还不到两年。这一点不可否认，但我已经迅速创造了收入，而且我的咨询合同数量也有所增加。明年的情况可能会更好。

多说无益，这位抵押贷款专家并不在乎我的各种说辞，最终对我说：“对不起，在金融危机之后，我们在这些问题上没有商量的余地。规则就是规则。”随后，我在其他银行的经历都大同小异，贷款专家们盲目遵从着他们的贷款指南。在传统放贷人的眼中，我是不受欢迎的贷款人。他们的关注点都高度集中于银行的钱，以及是否会因为借钱给我而遭到损失。

谢天谢地，有人介绍我去美国第一共和银行（First Republic Bank）。第一共和银行的关注点与美国银行等传统银行不同，在一次令人耳目一新的会谈中，我遇到的那位银行家将关注点放在我本人身上，他充分了解我的情况，问了我很多问题，我也很高兴地提供了这些信息。我可以看出，他自始至终都采用了不同于传统银行的评估方法，当他明确地告诉我如果我毁约，我的损失比银行更大时，一切都明了了。

那位银行家说："你是一位金融领域的教授和作家，与哈佛大学和耶鲁大学都有紧密的合作关系，你的妻子是波士顿社区的一位杰出企业家。当然，我们也会抵押你的新家以保护我们的利益，但坦率地说，我们拥有的最好抵押品是你的声誉。"我们在 2013 年秋季搬进了现在的家，因为第一共和银行真正地关注我的个人情况，所以他们几乎赢得了我的所有银行业务。通过翻转视角，他们仔细考虑到了我在贷款抵押中可能会遭受的损失。此后，我注销了在美国银行的商业、个人和抵押贷款账户，并将大部分银行业务都转移到了第一共和银行。

随时随地向他人学习

几年前，我收到了奥马哈几个团体的邀请，他们希望我来分享对全球经济的看法。作为一个在美国东海岸出生和长大的印度移民后裔，我还从未去过内布拉斯加州，所以很高兴能有机会前往那里看一看。当时，我一直在研究全球农业市场，特别关注动物蛋白行业。我联系了我在美联储的一些朋友，请他们给我介绍一些肉牛养殖者。

有人对我说："你得去见见詹姆斯·蒂默曼（James Timmerman）……他是堪萨斯城联邦储备银行奥马哈分行的主席，他经营着一家大型畜牧公司。我相信他会愿意带你到处看看的。"

于是，我给詹姆斯打了电话。我告诉他我将从波士顿出发，我是耶鲁大学的讲师，想了解一下养牛业。他和他的哥哥杰拉德主动提出与我一起共进早餐，并带我参观他们在斯普林菲尔德的畜牧场。我激动极了，赶紧撕掉前一晚才买的牛仔靴上的标签，与蒂默曼兄弟一起匆匆吃完早餐，然后便前往牧场参观。参观结束后，我们一起回到了他们简陋的办公室，在那里发生了一些有趣的事情。

詹姆斯和杰拉德对于我本人和我对世界的看法颇感兴趣，就像我对于他们和他们的想法的兴趣一样。我们一拍即合，从金融泡沫的发现到饲养牲畜的理想条件，开始就各种各样的主题相互分享观点。尽管我们背景不同，但我们都很欣赏对方不同视角的观点的价值，并很高兴能从中取长补短。我们在交流中增进了友谊，成了好朋友。

我从詹姆斯和杰拉德那里学到了大量关于生活、商业和畜牧业的知识，几年后，我邀请他们来我的课堂交流，与我的学生分享他们的想法。当时，我正在哈佛大学教授一门叫作“人性及其挑战”（Humanity and Its Challenges）的课程，我们在课上研讨的主题之一就是人类食物系统的可持续性。詹姆斯和杰拉德帮我一起引导学生探索了社会、技术和环境方面的挑战，这些挑战源于全球中产阶级数量的日益壮大，他们正在食用越来越多的动物蛋白。我们一起讨论了人口趋势、消费者偏好、水动力学以及如实验室合成肉之类的创新科技等问题，我的学生也非常喜欢他们。

然而，我现在要说的才是这个故事中最有趣的部分，也是我们都应当从蒂默曼兄弟身上学到的一课。在课程即将结束时，学生纷纷开始收拾笔记本和背包，杰拉德站了起来，问道：“如果你们不介意的话，你们愿意和我们分享自己的观点吗？我们向你们分享了我们的想法和经验，但坦白地说，在座的各位都是未来各行各业的精英，那么，你们对肉类行业的未来有什么看法呢？如果你们站在我们的立场上，会怎么做呢？”

在接下来的 10 分钟里，学生们积极地分享了他们的观点，杰拉德和詹姆斯则勤奋地做着笔记。两人都在课后被提问的学生团团包围。蒂默曼兄弟培养了一种能力，那就是灵活转换师生角色、保持虚心求教的心态，无论在何时、何地遇到何人，他们都能从周围人身上学到东西丰富自己。

打破部门墙

在组织内部，各类规则和其他控制手段的实施触发了“竖井效应”。组织内的各个团队都专注于自身，无法达成整体的高效。这种由深度专业化和集中关注点驱动的工作机制可能会产生新的摩擦和风险。就其本质而言，具有竖井形态的组织结构意在将员工的关注点集中在特定的工作上。然而，这种机制阻碍了组织内各部门之间的联系，使员工之间无法交流关键信息。

我将用孟买恐怖袭击事件来进一步阐明竖井效应。2008 年 11 月，孟买发生恐怖袭击事件，造成 100 多人死亡，300 多人受伤。尽管将这起事件的发生归咎于情报工作的失误可能失之偏颇，但不可否认，后续的调查发现，在案发前就已经出现了大量令人不安的信息和线索，它们应当引发人们的警觉。在这起事件中，恐怖分子对孟买多个西方人经常光顾的标志性地点发动了袭击。2019 年的电影《孟买酒店》（*Hotel Mumbai*）就讲述了这个令人心痛的故事，影片中真切地捕捉到了这座城市及其游客的苦难经历。以下事实细节来自《纽约时报》一篇题为《2008 年孟买恐怖袭击事件，海量间谍数据也难以解开的谜》（*In 2008 Mumbai Attacks, Piles of Spy Data, but an Uncompleted Puzzle*）的报道。

在孟买这个印度金融中心被恐怖分子围攻之前，已经有 3 个独立的情报机构对恐怖分子进行了持续数月的监视。监视发现了大规模枪击事件，它们发生在酒店、火车站、咖啡馆等公共场所。英国情报部门一直在实时监控这些恐怖袭击策划者的网络浏览情况，并有可靠证据表明，恐怖袭击的策划正在不断升级。2008 年初，印度情报机构曾收到翔实的情报，表明孟买可能即将发生恐怖袭击。从 2008 年春天开始，美国中情局就曾接到警报，表明地标性建筑泰姬陵马哈拉宫殿酒店（Taj Mahal Palace Hotel）可能会成为恐怖袭击的目标。

美国情报机构发言人布莱恩·黑尔（Brian Hale）解释说：“那些信息确定了该市的几个潜在袭击目标，但我们没有收到关于袭击时间和方法的具体信息。”由于担忧与日俱增，美国情报部门提醒英国情报部门加以重视。随后在 2008 年 9 月下旬和 2008 年 10 月，恐怖组织曾两次试图通过充气船，将执行袭击的恐怖分子从海上运进孟买，但都失败了。最后，美国中情局曾于 11 月 18 日，也就是袭击开始前不到两周，向印度官员发出警报，称孟买海岸附近停靠有一艘与恐怖分子有关的船只，后来复盘时发现，这个报告提及的海岸正是距离袭击发生地不远的地方。

然而，实际情况是怎样的呢？虽然对事件进行复盘时很容易便能将事实拼凑成一个看似完整的闭环，但由于事发前的情报信息数量太多，情报系统试图传递的警报难以避免地被淹没了。让我们回顾一下悲剧发生之前已知的一些事实：《纽约时报》指出，恐怖袭击的数字协调员扎拉尔·沙阿（Zarrar Shah）的电脑受到英国和印度情报机构的监控，他对“小规模战争、秘密通信、印度的旅游和军事地点、极端意识形态和孟买”表现出了兴趣。在袭击发起之前，沙阿显然正在搜索欧贝罗伊酒店（Oberoi Hotel）的图片，并对泰姬陵马哈拉宫殿酒店和查巴德之家（Chabad House）进行了类似的搜索，查巴德之家是一家犹太旅馆，也遭到了袭击。

很明显，这些信息点没有被联系起来，但为什么没有呢？是不是因为信息太多了？毕竟，电子侦察和信号情报产生了大量数据，如何才能从巨大的噪声中识别出有意义的信号和模式呢？竖井效应是罪魁祸首吗？有可能，但美国与印度分享信息的努力似乎遭到了忽视。

在美国，一名帮助袭击者策划恐怖袭击的人也留下了可疑的痕迹，疑点也被上报给当局。这个人名叫戴维·科尔曼·黑德利（David Coleman Headley），他对孟买的袭击目标进行过踩点，他的妻子告诉反恐官员，她的丈夫是在孟买执行神秘任务的恐怖分子。然而，没有人理会。

有一点是确定的：事发前有很多信息点。然而，它们之间缺少有意义的联系。**对多个信号源所提供的信息进行交叉比对有助于我们在嘈杂的世界中准确识别信号。**

像对待自己一样认真对待他人

在过去 50 年的大部分情况中，只要鲍勃打来电话，美国总统都会接听，无论执政的是民主党还是共和党，都是如此。《电讯杂志》（*Telegraph*）的一篇文章说："比尔·克林顿、乔治·W. 布什和贝拉克·侯赛因·奥巴马都认为，接纳美国最著名的调查记者比拒绝他更安全。"

你明白了吧，鲍勃·伍德沃德（Bob Woodward）是迄今为止世界上最有影响力的调查记者之一。在社交媒体和碎片化盛行的当下，字数上限只有 140 个字符的新闻故事占据了半壁江山，而鲍勃仍然是一个在报道中保持思想厚度的思考者。尽管大多数人撰写新闻报道仅仅分析整合了新闻素材，但鲍勃撰写新闻报道采取了不同的方法。

事实上，我在 2016 年上最后一堂课时，让学生广泛阅读了调查记者的工作故事。我让他们阅读有关水门事件、五角大楼恐怖袭击等事件的调查报道，在这些例子中，记者在真相公开、舆论发酵和法庭审判中起到了至关重要的作用。在学生不知道的情况下，我邀请了鲍勃作为惊喜嘉宾出席课堂讨论……但由于我的学生都太过年轻，没有人认出这位新闻界的顶级大咖，于是我只是向大家介绍这是我的朋友鲍勃，他正在参观校园，想参加我们的课堂讨论。

课程开始时，学生们讨论了调查记者所做的工作。一些学生认为这些工作代表了正义和良知，另一些学生认为这对民主社会至关重要。当他们开始谈论水门事件时，鲍勃插了几句点评，学生们立即惊呆了。大约花了 5 分钟的时间，我的学生终于反应过来，意识到眼前这位小老头正是大名鼎鼎的鲍勃·伍德沃德。

当鲍勃描述自己报道水门事件的动机时，学生们都对眼前这位泰斗惊叹不已，他说："每天醒来时，我都想要弄清楚那些坏家伙到底在向我们隐瞒什么。"这是为什么呢？在成长过程中，鲍勃曾经翻阅了许多父亲从就职的律师事务所带回的档案。他读到了附近邻里间看似完美的家庭中隐藏着的肮脏秘密，并意识到，眼见不一定为实，每个故事的背后通常都有另一个故事。鲍勃解释道："直到今天，我在倾听时总会抱着存疑的态度，选择性地相信人们呈现的故事；与此同时，我总是在想，是否这个故事还有更真实的版本，藏匿着人们的阴暗面和见不得光的事情。"

正是这种批判性思维让鲍勃做出了水门事件的报道，他对我说："很明显，很多事情都是隐匿的。我们去求见别人，他们当面就砰的一声甩上了门……那些专家都是当初对我们嗤之以鼻的人。"但鲍勃一直在努力挖掘真相。这次新闻报道导致了尼克松总统下台，新闻界运用其力量发声，助力法律体系维护公平正义。事实上，当我与另一个国家的总统谈论水门事件时，这位总统对我说，鲍勃·伍德沃德和卡尔·伯恩斯坦（Carl Bernstein）向全世界证明，在美国，没有一个人可以凌驾于法律之上，"《华盛顿邮报》为美国在世界上的声誉，做出了比任何美国领导人都多的贡献"。

鲍勃并没有因报道水门事件声名鹊起而止步不前。事实上，他一直在纷扰的世界中前行，在海量的数据信息中筛选精华。他义无反顾地担当起那个振旗高呼的倡导者，无惧权威、监督当权者，跟着真相的线索无畏前行。自始至终，他在工作上都秉持着一种深深的怀疑态度："有时官方报道是真实的……但通常不是。"

鲍勃说："我试图向人们表明，我对待他们和他们对待自己一样认真。"为了一次采访，他所做的大量准备令人叹为观止。有一天，我们在他位于华盛顿特区的家里吃午饭，饭后他把2010年4月发给奥巴马总统的问题清单递给了我。这次访谈是其著作《奥巴马的战争》(*Obama's Wars*)的一部分，也是他教授多年的课程的一部分教材。

这20多页的问题清单涉及的内容极其具体，不仅表明鲍勃做了大量的准备，而且表明他已经深入发掘了不少信息。以下的摘录能够说明鲍勃所准备的问题的详细程度，也说明他对奥巴马总统观点的深入理解。

> 2009年3月18日，在空军一号前往加利福尼亚州的行程中，你阅读了44页的里德尔战略评论报告。该报告表示："美国的核心目标必须是摧毁、瓦解并最终击败基地组织及其极端主义盟友。"
>
> 问题：你对该报告的总体反应是什么？当时制定的任务目标是否过于宽泛，尤其是"击败""极端主义盟友"，这似乎是在指代塔利班？
>
> 在里德尔战略评论报告中，包括一个"反恐+"的战略选项，该选项建议维持25 000至40 000人的武装力量水平。
>
> 问题：你为什么拒绝了这个建议？
>
> 第二个战略选项是"以南部和东部的普什图地区为重点，提供充足保障，通过军民融合来对抗基地组织"，具体来说是将武装力量人数保持在68 000人，随后"在秋季根据我们对当时局势的评估"决定是否增派10 000人。
>
> 问题：你为什么决定采用这个方案？你最初对反恐的想法是什么？有没有相关人士向你解释过，恐怖势力与人口的比例约为1∶50，如果恐怖势力保障充足，68 000人的部队规模是不足以应战的？

在空军一号上，里德尔表示，这份报告必然是一份以官方口吻反映各机构部门间协同合作的文件，但他会为总统解读字里行间的意思。他的基本观点是：本·拉登和基地组织的威胁仍然与“9·11”恐怖袭击事件之前一样大。基地组织领导层仍在招兵买马，伺机行动。

问题：你对此的反应是什么？你为什么批准美军在阿富汗针对基地组织开展“反叛乱”行动？你在 3 月 27 日宣布该战略的演讲中从未使用过“反叛乱”这个说法，为什么？

鲍勃也很友好地与我分享了他与总统交谈的文字记录，以及他对所获信息的见解与反思。事实上，通过试着理解美国总统的立场，鲍勃赢得了对方的尊重，他不仅成功地与总是保持高度警觉的总统先生愉快会面，而且展开了互动式讨论，通过这样高效的采访，他得以调查并引用更多独家的深度新闻素材。甚至在这次会谈结束时，奥巴马总统半开玩笑地问鲍勃是否想过在美国中情局担任领导职务，因为他显然有着比总统更好的消息来源。

正如这个故事所告诉我们的，鲍勃之所以能够获得成功，很重要的一部分原因是他能够站在他采访对象的立场上思考，并试图理解和接纳他们的观点。他会详尽地罗列当时存在的事实，并描绘出采访对象可能面临的现实情境。然后，他会在会谈过程中不加评判，只询问采访对象的心态和反应。这样的工作模式让鲍勃在揭开水门事件 50 多年后，仍然是这个世界上最受尊敬的记者之一。

用好“魔鬼代言人”

要想真正理解问题的复杂性，一个行之有效的方法是花时间去理解每一个决定的利与弊。曾长期担任通用汽车公司董事长的阿尔弗雷德·斯隆（Alfred

Sloan）有一句话常被引用，它抓住了这种方法的精髓。在一次高管会议结束时，斯隆总结了会议讨论情况："先生们，我认为我们在这个决定上完全达成了一致。"在观察到每个人都点头表示肯定之后，他接着说："那么我建议，我们应当推迟对这个问题的进一步讨论，为反对意见的形成提供充足的时间，或许这样可以让我们对这个决定有进一步的了解。"

管理学大师彼得·德鲁克（Peter Drucker）也指出了反对意见的价值："一个没有第二选择的决策，无论经过怎样的深思熟虑，都无异于一个绝望赌徒的孤注一掷。"从根本上讲，获得反对意见的关键是要让自己身边有能够提出反对意见的人，他们会对同一组数据给出不同的看法，最终会得出不同的结论。

西方天主教历史上有设立列圣审查官的传统。这个职位可以追溯到16世纪，其名称在许多非教会的场合被广泛使用，它的拉丁名字 advocatus diabolic 可直译为"魔鬼代言人"。

魔鬼代言人通常指为了提出反对意见而采取另一种立场的人，这个人可能相信，也可能不相信他所采取的立场，但这种立场之所以会存在，是因为不同意见和解释有其价值。这就不禁让我们思考，在做出重大决定之前，我们难道不应该咨询自己的魔鬼代言人吗？难道我们不应该深入思考其他选择吗？

或者，如何才能说服和协调那些与我们意见完全相左的人呢？为什么不能团结那些反对我们甚至反对彼此的人呢？也许亚伯拉罕·林肯化敌为友的故事能够给我们启发。

多丽丝·科恩斯·古德温（Doris Kearns Goodwin）在其著作《林肯与劲敌幕僚》（*Team of Rivals:The Political Genius of Abraham Lincoln*）中，将美国19世纪60年代林肯政府内部政党动态的经典故事娓娓道来，几年前还是对立的辉格党（Whigs）、民主党（Democrats）、自由党（Free Soilers）和一无所知党（Know Nothings）最终形成了一个政治联盟。古德温分别叙述了几位政治家的故事：纽约州参议员威廉·H. 索沃德（William H. Seward）后来成为国务卿，俄亥俄州参议员萨蒙·P. 蔡斯（Salmon P. Chase）后来成为财政部长和最高法院首席大法官，以及密苏里州的爱德华·贝茨（Edward Bates）后来担任司法部长。我们可以从选举前的辩论中看到，这些人都观点坚定，他们与林肯的政见不只是不同的，甚至是冲突的。但林肯并没有强迫他们成为自己的应声虫，反而求同存异，不仅将这些劲敌纳入内阁，而且将他们提到关键岗位。

你可能会认为，政见的分歧会导致混乱，造成决策瘫痪。然而，在这个美国早期历史中最动荡、最不确定的时期，林肯经过深思熟虑才做出了这样的决策。如果这些竞争对手心思各异地拒绝合作，那么奴隶制是不是仍然存在呢？林肯另辟蹊径地邀请那些最怀疑他的对手加入他的团队，这在政治上无疑是一个天才之举，这让他获得了更多元的视角，去理解这个年轻国家正面临的复杂动态。

在《序言杂志》（*Prologue Magazine*）的一次简短采访中，古德温被直截了当地提问，为什么林肯的内阁里充满了他的劲敌。她的回答是："他宣称，在危难时刻，这个国家需要最强大的人才，他不能浪费这些人才……通过让他的竞争对手进入内阁，他就可以获得更广泛的意见，他意识到这会使自己的思想更加敏锐。"

与和自己观点不同的人交流共事能够使你的思维更加敏锐，有效避免群体思维和固有偏见。

多年前，我应邀为美国联合技术公司（United Technologies Corporation）的高管团队演讲。美国联合技术公司是当时全球最大的集团公司之一，其子公司包括电梯和自动扶梯的制造商奥的斯（Otis）、空调和冷冻设备的国际供应商开利（Carrier）、全球领先的飞机发动机制造商普惠（Pratt & Whitney）等标志性品牌和企业。为了准备我的演讲，我阅读了所有我能找到的关于这些公司的信息，也阅读了董事长兼 CEO 格雷格·海斯（Greg Hayes）的年度致股东信。我注意到，该公司的大多数材料都讨论了推动其战略制定的两大趋势：城市化和全球中产阶级的崛起。

因此，在演讲前一天晚上的鸡尾酒会上，我把海斯拉到一边，问他是否考虑过进军农业。他满腹狐疑地看着我，问我为什么会认为一家技术密集型制造企业要进军农业。看着他的表情，我甚至觉得，他当时一定很疑惑为什么他的团队要找我这么个门外汉来给他们做演讲！我随即向他阐释了城市化和全球中产阶级的崛起将推动蛋白质需求的高增长。他表示，从来没有人建议过他们进军农业，而且他们可能不会考虑这个建议，但在结束与我的交谈去与其他人进行社交寒暄之前，他感谢我为他提供了这个想法。

在接下来一年左右的时间里，海斯时不时与我聚在一起，讨论全球动态及其对美国联合技术公司可能产生的影响。然后，他邀请我协助他和公司董事会做出一个非常有趣的决策。他们打算拆分美国联合技术公司。海斯解释说，他和董事会希望一位可信、中立的第三方能够进行批判性分析，提出理由说明为什么他们不应该拆分公司，因为现在公司正式雇用的大多数顾问都有鼓励拆分的动机。我很荣幸受邀来扮演魔鬼代言人的角色，不管我对此事的个人观点是支持还是反对，我都需要对拆分提出合理的反对意见。

最终，海斯和董事会决定将整个集团拆分重组为三家公司，但我相信他们在敲定这个决策的时候应该更有信心了，因为至少曾有一个人向他们提出过反对意见。事实上，海斯后来也邀请过我帮助他思考，为什么不应该与美国的大型国防合约商雷神公司（Raytheon Company）合并。尽管我尽了最大努力向他和董事会阐述合并的弊端，但他们还是做出了合并的决策。同样地，我也相信他们能够充满信心地表示，这个最终决策是在反复深思熟虑后慎重敲定的。

我认为，海斯和美国联合技术公司董事会之所以能够在长期动荡的营商环境中屹立不倒，原因之一是，他们不仅在思想上足够开放包容，而且能更进一步寻求前文中斯隆和德鲁克所提到的反对意见，这对构建健全的决策和高效的领导力都至关重要。

我在为海斯提出建议的时候，使用的分析工具是一个具有前瞻性的预测性评估方法，更通俗的说法是“事前析误法”。德博拉·米切尔（Deborah Mitchell）、杰·拉索（Jay Russo）和南希·彭宁顿（Nancy Pennington）在研究中发现，提前思考项目可能的失败方式可以将找到正途的概率提高约 30%。事前析误法要尽可能多地去想象和列举未来可能出现的各种失败方式，然后逐个分析导致失败的原因。这种方法可以作为魔鬼代言人的补充，正如加里·克莱因（Gary Klein）在 2007 年《哈佛商业评论》的一篇文章中雄辩地总结的那样：“说到底，事前剖析可能是避免痛苦地事后剖析的最佳方式”。

每个观点都是存在偏见和缺陷的，为什么要让你的默认视角成为主导你决策的唯一视角呢？相反，探索、接纳和发展多个视角来帮助你了解感兴趣的话题是很有意义的，关键是通过多个视角来对现实进行全面分析。想想我在抵押贷款过程中受挫的故事吧，第一共和银行赢得了我的业务和忠诚度，他们采用了我承认有偏见的观点，冒了一种不费脑筋的风险。鲍勃·伍德沃德的职业生涯建立在对世界上最有权势之人一视同仁的基础上，他通过深入研究数据和故事来重现他们的观点。蒂默曼兄弟俩采取的方法是，无论何时何地，利用一切机会向所有人学习。

在一个充斥着专家、技术和大量数据、信息的世界中，独立思考是相当困难的。在信息洪流中保持主见的一种方法是采用多重视角，寻求多角度的见解。当今世界有很多信息点，并且每个人每天都在创造更多的信息点，我们所有人都必须培养将它们联系起来的能力，这才是真正可持续的素养。请抬起头来注意周边环境，不断质疑潜在的假设，进行独立思考，而不是盲目依赖他人的意见。

做有主见的人

- 成为通才有助于通过综合多重视角来寻求问题的最优解。
- 在个人层面上，具备同理心并在更宏大的背景下解读自己的处境，有助于你更好地理解自己。
- 对多个信号源所提供的信息进行交叉比对有助于我们在嘈杂的世界中准确识别信号。
- 要想真正理解问题的复杂性，一个行之有效的方法是花时间去理解每一个决定的利与弊。
- 与和自己观点不同的人交流共事能够使你的思维更加敏锐，有效避免群体思维和固有偏见。

THINK FOR YOURSELF

第 10 章

关键 5,
自主判断如何使用专家意见

驾驭复杂性的正确方法是
让前进的道路自己浮出水面。

要想从数以百万计的管理者中脱颖而出，成为一名成功的领导者，必备的品质之一就是能够意识到自身知识的局限性。他们知己所知，亦知己所不知。对于自己所知的，他们能虚心若愚；对于自己不知的，他们能求知若饥。简言之，他们拥有丰富的元知识（meta-knowledge）。

元知识可以说是一种不傲慢的态度，一种智力上的谦逊。从概率的角度看待世界的人能够更好地应对多变的环境，因为他们更能接受不确定性。他们明白自己并非“万事通”，因此能够对与自己不同的想法保持更开放的态度。

前文提到的心理学家卡尼曼和特沃斯基就曾有理有据地驳斥了古典经济学家提出的“理性经济人假设”。他们的一个重要发现是，人类总是过于自信，这表明我们普遍缺乏元知识。这些发现已经在数十项研究中得到反复验证，它们是令人信服的。有一个不幸的现实：**我们以为自己所知道的，往往比我们真正知道的要多；我们不知道的，也往往比我们想象的要多。**

根据我的经验，当面临巨大的不确定性时，专家往往是最失败的预测者之一。他们通常认为自己知道得更多，因此过度自信，这种知识上的傲慢会影响他们的客观性，尤其是在他们帮助迷茫的求助者进行决策时。结果表明，大量公开的专家预测都出现了令人尴尬的错误。

这些专家中的许多人都采用单一学科的视角来研究判断，他们是自己所属领域的权威人士，但往往正是他们领域之外的事态发展打破了他们的预测。由于长期在特定领域深耕，他们的知识深度远远超过了广度，而这恰恰就是与专家合作的难点所在。有时候，专家的建议是一剂为我们排忧解困的良方，有时候，情况正好相反。那么重点来了，我们该如何判断自己什么时候需要征求专家的意见，而什么时候又不应该呢？幸运的是，事实证明，决定权完全在你自己手中，因为只有你才最清楚自己的处境，它决定了你在什么时候需要什么样的专业建议来达成自身目标。

借用肯尼芬框架明确自己的处境

咨询顾问戴维·斯诺登（David Snowden）、玛丽·布恩（Mary Boone）与其他合作者一起开发了一个框架，可以帮助我们回答何时应该、何时不应该征求专家意见这个关键问题。通过使用复杂性科学领域的见解，他们认为绝对必要的因素是环境。在 2007 年 11 月《哈佛商业评论》的一篇题为《领导者决策框架》（*A Leader's Framework for Decision Making*）的文章中，斯诺登和布恩提出，不同的情况需要不同的方法。我们需要考虑的一个重要变量是决策时面临的环境。

肯尼芬框架（Cynefin Framework）正是斯诺登、布恩等人开发的框架（见图 10-1），它区分了 4 种我们可能会身处其中的决策环境：简单（simple）、繁杂（complicated）、复杂（complex），以及混乱（chaotic）。

简单环境的特点是具有稳定性和清晰的因果关系，能够直接管理和监控。在这一领域中，关于需要做些什么的分歧很少。这是一个自动化高、程序性强，并且能够应用最佳实践的领域。在这一决策环境中，以过程为导向进行决策就能获得最优解。例如，对客户的信用卡账户应该收取多少利息呢？这很简单，你可以雇用一个人，计算出该账户每天的平均余额，然后将其乘以利率，从而得出其应缴额度；你也可以使用软件进行计算，通过嵌入一条基本代码，运用数学运算计算出应缴额度。无论是谁做决策，情况都是稳定的，并且存在一个正确的答案。

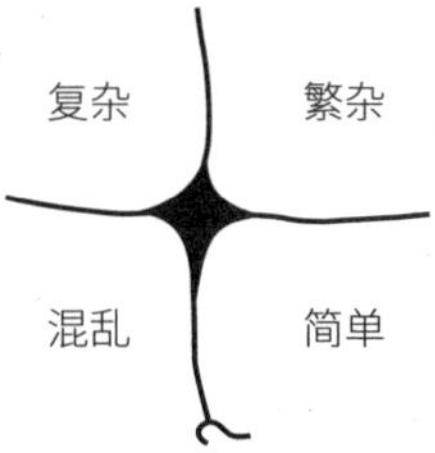

图 10-1　肯尼芬框架

相比之下，在繁杂的环境中，可能包含多个正确答案。在这一决策环境中，因果关系通常很清晰，但我们中的大多数人很难看到或理解其中各种联系的细微差别和运行机制。例如，像汽车那样拥有高度互联的技术，其功能就包含一个繁杂的决策环境。如果你的汽车开起来怪怪的或者直接熄火了，你可能就会立马想到一个问题："车子是哪儿坏了？"对非专业人士来说，可能无法立刻找到准确的答案，而是需要一位汽车修理专家来帮助识别问题所在并提供解决方案。在这个决策环境里，正确答案是必然存在的，但它被埋藏在各种相互交织的要素之中，找到它需要费点儿力气。繁杂环境正是专家最多的地方。

复杂环境的特征则是模棱两可的、难以定义的，各种状况和可能性层出不穷。由于各种关系一直处于动态变化之中，因此它们很难被准确预测。**在复杂的决策环境中，一切都是概率性的，不存在标准答案。**因此，最好的决策策略是不断了解动态变化，保持密切监控，并根据最新的信息调整方案。这一领域是一个所有情况都与反馈回路高度交互的环境。试想一下，当一项新兴技术被引入后，一个社会会发生什么样的变化。这项技术将会以多快的速度被业界采纳？它会取代人力吗？当前的社会关系会因此发生改变吗？在经济、就业或替代技术方面会发生什么变化呢？在这一决策环境中，要想做出准确的预测，就要考虑各种信息要点及其无穷无尽的交互作用。肯尼芬框架的提出者认为，**驾驭复杂性的正确方法是让前进的道路自己浮出水面。**探测、感知和响应是在这一领域中的关键活动。这是一个将各种信息要点连接在一起的实践领域，而不是生成各种信息要点的领域。

当进入混乱的环境中时，想要寻找正确答案是徒劳的。在这个决策环境里，因果关系不断变化，完全没有可用的模式来对信息要点进行管理，因此严格的分析和运算在这种情况下是完全无用的。斯诺登和布恩认为，混乱环境是罕见的，通常也是暂时的，人们可以通过尝试在某些子环境里建立秩序、达成稳定来实现有效应对。以下的情况，就是一个很好的说明混乱环境的例子。

在某个星期六的上午 8 点左右，我的两个孩子正在乖乖地看电视，狗狗也安静地趴在他们坐着的沙发前。这种暂时的平静让我和我的妻子克里斯汀非常愉悦，我们可以轻松地谈论时事、工作，甚至为即将到来的假期做计划。但随后，毫无缘由、莫名其妙、突如其来地，混乱降临了，周围充斥着人的尖叫声、狗的狂吠声，以及孩子的大哭声。除此之外，担忧的邻居过来按门铃，亚马逊 Echo 音箱开始播放恐怖电影的背景音乐。我不由怀疑，也许此时此刻仅有的解决之道便是引入一些稳定因素来使这一切稍稍平复，比如把孩子们分开、把狗牵到门外、去感谢邻居的来访并建议他们 5 年后再来，以及让亚马逊 Echo 音箱播放些让人快乐的音乐。如此，也只有如此，我才能稍微理出头绪，判断如何解决问题。对我来说，应对当前混乱状况的关键是，把眼前这个吵吵嚷嚷的“大马戏团”变成我在某种理性基础上可以参与的东西，因为我不可能理解这些同时喷涌而出的信息要点之间的因果关系。在我的想象中，斯诺登和布恩一定也会建议我和我妻子这样去应对眼前的状况。

让我们思考一下，如果我们去向一位专家寻求帮助，或者去寻找一位通才进行合作，肯尼芬框架能如何帮助我们决策。我认为，这与我们所面临问题的性质，以及我们可能需要何种帮助的话题有关。如果存有明确的因果关系，我们完全可以毫不犹豫地从专家那里受益。所以，当看见有水从楼上浴室正下方的天花板中渗出时，这可能是一个简单环境，比如原因是马桶正在漏水，所以只要堵住漏水就能解决问题；但这也可能是一个繁杂环境，比如原因也许是淋浴盆出现了裂缝，水沿着横梁流动，然后才流到地板渗漏下来。在任何一种情况下，专家都将有助于解决问题。

现在假想一下，你正面临一个问题层出不穷的棘手情况，比如经常发生在风险投资或医疗健康领域的场景。当然，在投资和医疗中存在简单而繁杂的问题，比如我看涨一只股票想押注它，并有一个我已经确定的目标价格，希望有人帮助我更好地执行交易；以及我摔断了骨头，需要打石膏。与此同时，这些领域也有很多复杂的问题。

越是复杂的问题，越要掌控自己的决定

让我聊聊自己曾经的遭遇吧。在 2011 年的一段时间里，我好几个星期都浑身难受。我感到精疲力尽、昏昏沉沉，晚上也睡不好，而在下午 2 点到 5 点之间，我又能够睡得像个婴儿。我的身体肯定出了问题，我感到我不是自己了。因此，在睡眠紊乱了近三周之后，我终于忍无可忍，去了医院。

经过一系列的病理检查，我被告知在病理上我的身体并未出现明显异常。我收到的处方是“多喝水，多休息”。这可能看起来是一个简单环境中的问题，比如只是单纯的睡眠不足，但事实并非如此；它也可能是繁杂环境中的问题，比如莱姆病、缺铁性贫血、单核细胞增多症等，但事实也非如此。从根本上

说，我面临着一个只能通过系统方法来解决的复杂环境中的问题，我需要对整个身体及其内部的联系进行全面考察。因此，我控制自己的决定，并最终决定向马克·海曼求助，他倾向于采用一种被称为功能医学的系统性疗法。

当时，海曼医生在他的工作官网上使用的宣传理念是“标本兼治”。功能医学的基本哲学理念是，外显的症状可以由多种内在的原因引发，所以不要只关注表面的症状，而要关注整个身体机能是如何运作的。一旦修复内在的功能障碍，许多外显的症状就会消失。因此，解决问题的关键策略是釜底抽薪，而不是扬汤止沸。

海曼医生随后对我进行了一系列多到不可思议的检查。它们不是我以前看病时会做的常规检查。当然，他也检查了胆固醇的相关情况，但他更关心的是其物质颗粒大小，而不是简单的水平高低。他检查了我体内汞、铅等有毒元素的含量，还发现了我存在维生素缺乏和激素失衡的问题。除了验血之外，他还化验了我的粪便、尿液、唾液和头发，并检查了我的肠道生态。他检查，检查，又检查。

几周后，检查结果出来了，我们打了一小时的电话来讨论检验报告中显示的问题。从含量高于预期的汞元素和铅元素到严重的维生素 D 缺乏，这份检查结果令人震惊。对食物敏感性和过敏原的测试结果表明，我的饮食结构对我的疲劳症状和全面健康有很大影响。我被吓坏了。为什么我的另一位医生没有看到这些问题呢？答案似乎不言而喻。显然，前一位医生并没有注意到还有这些可能性存在，他的关注点集中在其他地方。

在接下来的几周内，我与海曼医生以及另一位营养学家密切合作，设计出了一个包含使用药物、营养补剂和改良饮食的养生方案，帮助我修复身体出现的功能障碍。海曼医生将关注点集中在了治本之上，对于我的外显症状，他只是稍微监测了一下。

后边的故事我就长话短说了。总之，这个由海曼医生作为主要负责人，另一位营养学家参与制订的养生方案改变了我的生活习惯。为防止不确定的过敏问题，我开始以不同的方式调整自己的饮食习惯。我摄入适量的维生素和其他补剂，开始定期在健身房蒸桑拿，甚至停止使用止汗剂，改为使用除臭剂，因为大多数止汗剂产品都含有铝离子。

当再见到海曼医生时，我宛若新生，这并不是一个夸张的说法。在 18 个月的时间里，我减掉了 30 多千克体重；发际线不再后移，头发甚至变得更有光泽；我的精力日益旺盛；我的睡眠质量更高了，感觉一切都棒极了。尽管我的朋友都不认同，但我还是觉得自己更聪明、更有趣了。

我讲这个故事的重点是，当时我的健康问题并不是一个简单的，也不是一个繁杂的问题，而是一个复杂的问题，其中有许多相互作用和交叉重叠的要素，这些要素对只关注整体中各个部分的简化方法形成了挑战。海曼医生观察的是我的身体机能整体如何运作，而不是各个部分如何运作，由此帮助我达成全身的系统性调养。作为一名医学通才，海曼医生能够通过多角度分析，将看似无解的复杂问题分解为一系列有解的繁杂问题，然后系统地解决。

让专家随时待命，
而不是将他们奉若神明

要做出成功的决策，我们就必须充分了解自己面临的情境。这种根据情境寻求专家建议的能力就是约瑟夫·奈（Joseph Nye）所说的“情境智力”（contextual intelligence），这也是所有类型的领导者都应具备的一项基本技能。

当我们了解情境，并能够快速确定自己面对的是简单、繁杂、复杂还是混乱的情境时，我们就更能根据需求寻找专业帮助。同时，我们也需要让专家明

白我们所处的情境。专家的能力范围有多广？他们能否突破专业限制，看到更广阔的领域？我们要明白这些问题的答案。在此，我将用一个例子来向大家介绍一位专家，他明确了自己的职责，坚持了自己的使命，通过自己专业而审慎的独立思考，避免了 150 多个生命魂断高空。

请试着想象一下，你正坐在一架飞机上，在起飞的关键阶段，所有引擎突然同时熄火，飞机完全失去动力。这时，你最希望是谁坐在驾驶舱里带着大家绝处逃生呢？我猜想的是，你会祈求这是一个空军学院的优秀毕业生，一个经验丰富、拥有数千小时飞行时长的飞行员，一个不会被压力压垮的领导者，一个深思熟虑、了解各种行动风险和回报的专家，一个不会盲目地将自己的思维外包给飞行手册或技术要点的人。你会希望飞行员看到比眼前的困境更长远的可能性。

幸运的是，正是这样的人在 2009 年 1 月 15 日上午，带着全美航空公司 US1549 次航班上的 150 名乘客和 5 名机组人员逃出生天。当时，这架飞机正从纽约拉瓜迪亚机场（LaGuardia Airport）起飞，在爬升过程中遭到加拿大黑雁撞击。在两个引擎失灵 4 分钟后，机长切斯利·萨伦伯格（Chesley Sullenberger，下文简称萨利）将飞机迫降在哈德逊河上，飞机上的所有人全部生还。

萨利的传记《最高职责》（*Highest Duty*）和克林特·伊斯特伍德（Clint Eastwood）导演的电影《萨利机长》（*Sully*）都讲述了萨利机长的奇迹操作，描述了他是如何通过管理焦点和保持控制力来挽救飞机上所有人的生命的。

在出事前，这位机长已经有驾驶各类飞行器累计 2 万小时的经验。从经验的角度来看，萨利是非常合格的飞行员。他曾驾驶过滑翔机，了解空气动力学理论在实际操作中的细微差别，他也曾给其他飞行员教授领导力和决策课程，在理论方面知识丰富。他的妻子洛丽称他为“飞行员中的飞行员”，她说，萨利并不仅仅是在驾驶飞机，“他坐在机舱里，就像是全副武装一样，他不是在操纵一个机械设备，而是让它成了自己的一部分”。

事故当日的副机长杰夫·斯基尔斯（Jeff Skiles）说：“萨利是一个喜欢计划的人。”有一部关于萨利的纪录片是这么说的，“对萨伦伯格来说，准备就是一切……他显然并不喜欢惊喜”。为了说明萨利的思维方式，以下引用了他妻子分享的一个故事，故事讲述了他们俩驾驶私人飞机前往一个偏远地区远足时的情形：

> 我不喜欢乘坐小型飞机，我也不想去那个地方，所以我对他说：“哦，天哪，要是我们死在那儿，人们连尸体都找不到。”他说：“不，我在整个飞行过程中都盯着那个紧急着陆点呢……无论我们怎么飞，我都知道我可以在哪里紧急迫降。”在他的底层逻辑中，计划永远是先行的。

经验和专业知识虽然是不可或缺的，但不足以确保万无一失。专业知识能够帮助我们在繁杂的情境中快速理出头绪……但萨利当时所面对的情境远比繁杂更麻烦，可以被划入“复杂”一域。这种情况前所未遇，并且是实时出现的。关于 1 月那个决定命运的一天，萨利形容当时令他“无比震惊，比我在 42 年的驾龄和 2 万小时的飞行时长中所经历的所有事情都要令我震惊”。事实上，萨利后来生动地回忆起他在引擎失去推力后第一时间蹦出的前 3 个想法，他说道：“先是‘这不可能发生’，紧接着是‘这不会发生在我身上’，而我的第三个想法是，这与我所经历过的每一次飞行都不一样，这次飞行可能不会以飞机完好无损地降落在跑道上结束。”

萨利的这次紧急迫降很好地说明了如何让专家随时待命，而不是将他们奉若神明，他和斯基尔斯没有放弃对局势的控制权，盲目地服从来自遥远塔台的指令。在两个引擎都失灵后不久，萨利和斯基尔斯将他们的状态迅速报给空中交通管制员，塔台回应，他们可以选择在拉瓜迪亚机场紧急迫降。萨利认为飞机无法迫降在机场，可能要降落在哈德逊河上。他还询问了新泽西州的泰特伯勒机场（Teterboro Airport）能否作为备选着陆点，那里的空中交通管制员也很快为他清出了一条跑道。萨利指出，在整个对话过程中，管制员并没有试图引导他朝着一个特定的方向走，他的“各种选项的措辞对我很有帮助。他没有告诉我要去哪个机场，而是问我想去哪个机场。他的话让我知道，他明白这些艰难的选择必须由我自己完成，他是不能取而代之的”。

在萨利提出迫降泰特伯勒机场方案的22秒后，他放弃了这个计划，并迅速得出结论，在哈德逊河迫降是最好的选择。萨利的这个决定受到了管制员的警告，在水体上紧急迫降十分危险，最好避免这样做。事实上，管制员后来指出，他担心飞机会在哈德逊河中侧翻，就像埃塞俄比亚航空公司（Ethiopian Airlines）961航班在海上迫降时所发生的那样。

正如电影《萨利机长》中戏剧性展示的那样，萨利随后关掉了通话频道，他说：“我知道管制员已经尽全力为我提供帮助了，但在那一刻，我不得不专注于手头的任务。我无法回应他。”萨利在这次事故中很大程度上既考虑了管制员的建议，又坚持了自己的主见。他并没有放弃自己作为领导者的责任，让技术或专家夺走控制权，而是进行独立思考，辅以专家和技术的帮助，最终牢牢地控制了局势。

让我们将萨利的故事与本书前文中提到的法航AF447次航班事故对比一下。2009年5月31日晚，法航AF447次航班在从里约热内卢飞往巴黎的过程中坠入大西洋。事故起因仅仅是空速指示器出现了短暂故障，这个简单的技术问题变成了228名乘客的死因。事实上，这场事故背后真正的原因并非技术上的失败，而是对技术的过度聚焦。

威廉·兰格维斯奇在关于法航AF447次航班事故的文章中，清楚地描述了当时飞行员无法将视线从空速指示器上移开的情况。与因丰富飞行经验而获得深厚飞行感觉的萨利机长不同，法航 AF447 次航班的飞行员将焦点集中在仪器的指示上。他们将自己对 228 名乘客的思考、认知和责任全然外包给了一个暂时失灵的系统，引发了一系列致命事件。如果当时飞行员能够明白仪器是在失灵的情况下做出了错误指示，并不需要进行人为干预，那么法航 AF447 次航班上 228 名乘客的命运是否会有所不同呢？如果他们让技术为他们所用，而不是将其奉为圭臬，情况又会怎样呢？这不是一个关于能力的问题，因为这些飞行员都在国际航空公司任职，接受过最严格的训练。真正的问题在于，他们缺乏独立思考的能力。他们可能考虑过通过降低机头来为飞机提速以避免坠毁，但并未将这个想法付诸实践。

接下来就是将思考和责任外包给规则和清单的问题。飞行检查单是帮助飞行员安全驾驶的重要工具，无数案例表明，它有助于规避航空领域的人为失误，就像医学检查单那样。萨利本人就是一位飞行检查单的支持者。当一直处于成功之中时，人难免会产生自满的心理，从而草率鲁莽或投机取巧，引发灾难性后果，对照清单逐一检查能有效阻止灾难的发生。但是，清单也具有局限性，它只包括部分情况。

当局势恶化时，机长萨利和副机长斯基尔斯就逐一对照了飞行检查单，但他们的处境是史无前例的，严格遵守飞行检查单成为一种负担，事实上，正如斯基尔斯所解释的，“这一针对特定紧急情况制定的飞行检查单足足有 4 页，它用于指导在万米高空中的操作，而不是为在 3 分钟内爬升千米设计的”。萨利在他的自传中也写道：“并不是每一种情况都可以预见，没有任何清单可以适用于所有状况。”

在电影中，我们可以看到，调查组成员诘问机长萨利和副机长斯基尔斯他们所采取的避险步骤。他们必须解释清楚，为什么没有遵守标准的程序进行紧急避险操作。他们解释道，虽然标准程序在理论上是有用的，但并不适合当时的情况。**尽管标准程序在某些情况下是有效的，但领导者不应盲目遵循，而应结合情境灵活变通。**萨利坚定地总结道："现在，在天上飞的都是遵守规则的人，然而，我也担心仅仅遵守规则是不够的，判断力……至关重要。"

全美航空公司 US1549 次航班和法航 AF447 次航班的故事向我们呈现了两种不同决策方式的后果。萨利和斯基尔斯是能够审时度势的专家，他们知识丰富，理解任务的重要性，不盲目依赖技术，知道如何在飞行检查单无法提供指导的情况下驾驶飞机，还知道适时地根据需要寻求空中交通管制员的帮助。而驾驶法航 AF447 次航班的飞行员博宁则相对业余，当然，他也接受了适当的训练，并达到了所有认证要求，但他大部分飞行里程都是平稳的长途飞行，依靠高度自动化的驾驶设备完成。

萨利的故事给我们带来的最大启发是，他不仅了解自己正在使用的系统是什么，而且了解它正在支撑着什么，以及当它失灵时自己该怎么办。他知道面对塔台的指导，自己什么时候该采纳建议，什么时候该独立思考。我们需要像萨利这样的专家，他们能够根据情境使用各个指标、设备和规则，同时紧扣自己的终极目标。否则，你就会发现飞行员只会读取操作面板的指示，本质上却不了解如何驾驭飞机。

巧用提问的力量

在面对极端的不确定性时，并不是每个人都能做到像萨利机长那样游刃有余，这需要丰富的经验和坚定的信念，事实上，同时具备这些能力的人本身也极为罕见。但这并不意味着我们就要放弃自己与专家力量的专制和控制本性做斗争的努力。**若想保持控制力，一个关键的方法就是学会提问。**提问是一种至关重要的技能，我们每个人都应当不断精进这项技能。

让我们再回到电影《萨利机长》中来，故事的戏剧性围绕着美国国家运输安全委员会对该事件的调查展开。最初，调查人员认为飞机的引擎可能已经重新启动，飞行员该为失误负责。根据计算机模拟实验，萨利本可以成功到达拉瓜迪亚机场或泰特伯勒机场，从而避免数百万美元的损失。为了让美国国家运输安全委员会相信自己做出的是正确的决定，萨利恳请将机器模拟改为人工模拟，并在听证会进行现场直播。然而，这两种模拟方式都没有给出对他有利的结果，萨利坚称，这些模拟实验都没有完全复现事故当天的现实场景。

在电影中，萨利的质疑是转折点，让调查组最终驳回了对飞行员决策失误的指控。萨利提问，进行人工模拟实验的飞行员为了进行这项实验，在飞行模拟器中进行了多少次演练。所有调查人员、政府官员、航空公司高管、新闻记者和其他听众都屏住了呼吸，答案是“17次”。然而，面对这场突如其来的事故，萨利和斯基尔斯连一次演练的机会都没有。在飞行模拟器中，飞行员演示了在繁杂环境中该做的动作。他们知道正在发生什么，也知道自己需要做些什么，他们可以反复演练以实现目标。然而，萨利和斯基尔斯所处的是“复杂”一域，他们在其中进行了独立思考。

美国国家运输安全委员会的首席调查员随即要求在更现实的实验条件下进行新的人工模拟。这一次，飞行员在模拟鸟类撞击后延迟了35秒，然后前往拉瓜迪亚机场或泰特伯勒机场。在考虑了新的变量后，模拟飞行最终坠毁，证明了萨利和斯基尔斯决策的正确性。

在当今社会，我们很容易不加思考地相信计算机模拟或社科实验得出的显性结论，却忘了质疑它们在现实生活场景中的应用是否同样有效。虽然电影《萨利机长》可能夸大了调查组和飞行员之间的对立，但这部电影也启发了我们，人们是多么容易信任数据模型，而非人类自己的证言陈词。然而，别忘了，数据模型本身也由人类编码撰写而成，复现的是人类本身。

提出问题也有助于发现专家的局限性。当我需要在决策过程中寻求帮助时，我最喜欢提的问题是："你确认这是正确的吗？"这个问题以非对抗性的方式打开了一扇门，得以窥见和思考专家是如何做出判断的。它还帮助我们这些并非专家的普通人发现自己与某一专家存在的知识差距，从而取长补短地采纳其他专家的见解，来保持控制力。这种思考方式有助于我们博采众长，收集更丰富的素材碎片，为自己拼贴出一个马赛克现实。

弗兰克·赛思诺（Frank Sesno）是世界上最好的提问者之一，作为前新闻主播、白宫记者和美国有线电视新闻网华盛顿分社社长，现任华盛顿特区乔治华盛顿大学媒体与公共事务学院（the School of Media and Public Affairs）院长，赛思诺曾采访过许多世界上最有成就的领导人和专家，包括美国总统和其他国家元首，向他们提出精彩的问题。

之所以对他如此盛赞，不仅是因为我曾在一个研讨会上当着数百人的面被他提问，直接体验过他是一个多么了不起的提问者，还因为他曾写过一本书，充分探讨了提问的力量。不要问我这本书是否值得一读——这是一个愚蠢的问题！这本书名为《提问的力量》（*Ask More*），其中有一部分与本节内容非常相关，我将逐字引用他关于"挑战专家"的原文：

> 与你交流的专家可能是医生、屋顶工、精英咨询师，也可能是在街边遇到的一位朋友。但是，即便他们具备远超于你的经验，你也要随时准备对他们的结论提出问题。他们是如何得出这个结论的，依据是什么，结果又如何？请向他们询问整个过程，了解他们在处理类似事件时的经历，从而形成你的自主观点、风险判断和后续措施。质疑专家可能是件令人挠头的麻烦事，但通常非常必要。

提问之所以必要，是因为它有助于我们保持控制力。诺瑞娜·赫兹（Noreena Hertz）曾写过《决策的智慧》（*Eyes Wide Open: How to Make Smart*

Decisions in a Confusing World）一书，书中建议的主要策略之一就是质疑和挑战专家。在一场关于管理专家的演讲中，她明确表示："我们必须做足准备，心甘情愿地面对和接受专家……带来的不可避免的烦恼，例如，我们会希望他们能用我们真正可以理解的语言来向我们解释事情。"她接着举了个例子，医生在她接受手术后，用一个听起来很复杂的专业医学词汇来警告她注意高热（hyperpyrexia）的发生，"他本来可以很简单地告诉我'当心发高烧'"。

赫兹指出，**提问是决定是否接受专家意见的关键。**她提醒我们必须"愿意去挖掘他们的图表、方程式、报告和预测背后的原因，并用诸如'提出该论点的假设是什么，支撑该论点的论据是什么……这个论点又忽略了什么'的问题来武装自己"。

赫兹和赛思诺在强调提问重要性上高度一致。彼得·德鲁克直言不讳地说："最重要且最困难的工作并不是找到正确答案，而是发现正确的问题。"

然而，有一些问题难免让人尴尬，比如在面对专家推荐特定方案或特定产品的时候，我知道这可能很难开口，但你需要直截了当地问对方，他们给出的这些建议是否真的客观中立，是否涉及利益。你可以这样问："财务顾问先生，您给我推荐这只基金，投资经理有没有给您提成呢？"或问："心脏科医生，您推荐我选用这个牌子的药物，是否因为它和您的收入挂钩呢？"如果你需要接受手术，那你就可以问问推荐这项手术方案的专家，主刀医生是他还是其他人。如果你觉得这些问题听起来怪怪的，那么我推荐你阅读《波士顿环球报》（*Boston Globe*）"聚光灯"专栏（Spotlight）中的一篇报道《以关爱为名的冲突》（*Clash in the Name of Care*）。

托尼·罗宾斯（Tony Robbins）比我直接得多，在他的著作《不可撼动的财务自由》（*Unshakeable: Your Financial Freedom Playbook*）中，罗宾斯谈到了财务顾问，那部分内容的小标题为"你们可以信任我……我会利用你们的"，他在其中谈到，在财务方面帮助他人的职务就有200多种不同的名头，包括“财务顾问”“财富顾问”“金融顾问”等。在美国，90%左右的金融顾问实际上只是掮客，他们通过销售金融产品来赚取中介费。罗宾斯说：“为了赚取更多佣金，他们愿意被叫作巫师、小精灵或小仙子。”罗宾斯简单有力地总结道：

> 沃伦·巴菲特曾开玩笑道，你永远不要问理发师自己是否该理发了，而顾问就是金融界的理发师。公司培训、激励他们推销产品，他们才不管你是否需要他们推销的产品。这并不是批评，事实就是如此。

罗宾斯建议通过提问直截了当地揭示这些利益冲突，比如问“你是注册投资顾问吗”“你是否与交易经纪人有关联”，以及“你以何种方式赚钱”。从根本上讲，这就是学术界提出的委托-代理问题（principal-agent problem），它指的是代理人和委托人利益往往并不完全一致，代理人有动机为了自身利益，做出有损于委托人利益的行为。如果一位顾问通过建议你买进卖出来抽取佣金，那么他们就与你希望创造投资回报的目标不一致。作为委托人，你关心回报；而作为代理人，对方则更关心交易动作和佣金提成。显然，这种冲突可能会导致委托人的利益受损。

警惕“屁股决定脑袋”

虽然揭开专家所提建议中存在的利益冲突对你有所助益，但表面之下还有更隐匿的冲突。也就是说，由于其所处职位、所在公司或名誉地位方面的因素，专家在结构层面上就无法提供合理的建议。这并不难理解，毕竟拿着锤子的人往往更容易看到钉子。约瑟夫·奈是美国一位成就卓然的政策制定者，曾担任哈佛大学肯尼迪政治学院院长，我很幸运能与他进行过多次对话。他说：“在政策圈里，有句老话叫屁股决定脑袋。”奈认为这句话的意思是，大多数人往往无法结构性地跨出他们身处的竖井。

约瑟夫·奈接着说："以情报工作为例，你的预测往往受到你工作岗位的影响。各部门分析师的主要职责是回应他们所在组织的需求。"奈看问题很透彻，他说："外交官应该为解决方案进行谈判……而将军应该赢得战斗。"这就意味着，即使是在最坏的情况下，国务院的分析师也会倾向于用外交手段解决问题；而面对同一情况，五角大楼会倾向于运用军事手段，财政部则会建议采用经济制裁，等等。

想象一下，这种现象在非政府领域是如何体现的。当你被心脏科医生接诊的时候，你必须意识到，她给出的医疗建议一定会忠于她的学科背景，而不是胃肠科或妇科方向。职业激励和专业忠诚度的影响非常广泛，有时甚至会让人对客观建议嗤之以鼻。

然而，上述隐匿的冲突最糟糕的部分是：它既不是恶意的，也不是故意的。它是结构性的，因此通常很难被立即识别。约瑟夫·奈提到各部门分析师笃信自己所提供的建议，他们通常是好人，但他们所在的位置有可能让他们提出坏的建议。有时，最好的作为可能就是不作为。什么？不作为？哪个组织或哪个部门会支持他们的员工不作为？遗憾的是，没有。

"不作为"有时是最好的"作为"

现在，让我们一起来看看我的朋友、我在哈佛大学的同事、芬兰前总理埃斯科·阿霍（Esko Aho）所面临的处境。作为发达国家历史上最年轻的首脑之一，阿霍在 20 世纪 90 年代初的任期内面临着无数的挑战：（1）他是在严重的经济衰退期内披挂上阵的；（2）他必须决定芬兰是否加入欧盟；（3）他必须直面大量风险，这些风险来自与芬兰共享上千公里边境线的苏联的解体。

阿霍是位非常友善的朋友，他曾受邀来到我的课堂，与我的学生一起讨论了数小时。在与我们的交流中，他回忆到自己曾在凌晨 2 点接到一位高级顾问的电话，顾问告诉他“莫斯科响起了枪声”。这位顾问担心那边正在发生一场政变，与之接壤的芬兰可能将要应对大量难民涌入、军事叛逃以及与苏联 1 300 多公里边界的动荡这样的局面。局势不容乐观，芬兰当局需要立即采取行动，并对可能的混乱制订应对计划。

回忆到此，阿霍问我的学生：如果站在你的立场上，你们会做些什么？每个学生都认为，最重要的应该是立即召集最高军事指挥官，针对局势规划后续行动。一些学生建议致电莫斯科向其表达支持，还有许多其他想法都是针对如何准备应对未来混乱的局面的。在仔细听取了每一个想法后，阿霍分享了他在当时的做法，他说：“我挂断了电话，回去睡觉了。”

阿霍很清楚在第二天醒来时自己很可能会面临巨大的压力，因此，他必须保证充足的睡眠，从而有足够的警觉性应对压力事件。他同样清楚，如果事态向更加紧迫的方向发展，他的顾问就会再给他打电话……他担心当晚立即采取行动可能会做无用功。他之所以未看重顾问的建议，是因为他清楚，这些顾问都处在不同的竖井中，他们的视角具有结构性局限。综合以上原因，阿霍在当时没有行动。第二天早上，情况变得不那么紧急了，他得以冷静地与团队一起为各种情况做全面的计划。

阿霍选择不作为引发了许多学生的共鸣，他们中许多人都有金融相关的工作经验，于是指出了阿霍的洞见与投资的相关性。投资管理是一项充满不确定性的工作，为了不断追求回报，必须持续衡量风险和回报。然而，由于市场的不可预测性，每个投资者都注定会犯错。

不过，投资者可以选择犯什么样的错，在估值过高或存在泡沫的情况下，犯下遗漏错误要比犯下委托错误略好一些。当潜在回报有限，投资风险升高时，宁可按兵不动错过收益，也不要草率出击遭遇损失。正如沃伦·巴菲特所说的那样，“有时什么也不做就是最好的选择”。

当遇到问题时，大多数专家都会建议尽早采取某些行动，毕竟，我们中的大多数人在向专家求助时就是为了得到一个直击要害的解决办法。如果一位专家告诉你“我不建议你做任何事”，你会感到满意吗？

我的一个朋友大约在 10 年前被诊出患有前列腺癌，这个诊断结果给了他和妻子沉重的打击。在他确诊癌症一周后，我碰巧遇到了他。当看到他不再像以往那样积极乐观时，我问了问他的近况，这才知道这个消息。我们边喝咖啡边聊了好几小时，聊到了他会如何推进治疗计划，也聊到了这对他的生活、他的妻子、他的婚姻、他的孩子，以及他仍想追求的未圆之梦意味着什么。我主动提出帮他梳理各种选择。

当研究越发深入时，我的发现让自己大吃一惊。鉴于我在前文中讨论过这一发现，就不在这里过多重复了。但值得重申的是，大量的医学文献都告诉我们：许多男性死亡时身患前列腺癌，但前列腺癌本身的致死率并不高。我帮助我的朋友设计了一个问题清单，方便他到泌尿科医生那里复查时询问医生。在这个清单上，第一个问题就是：如果我选择什么都不做，会怎样呢？

最终，我的朋友也是如此行事的，他选择了现在医学上可接受的观察和等待。幸运的是，用前文的表述方式来说，他似乎患上的是癌症中的“海龟”，所以问题并不大。除了诊出患癌带来的心理焦虑和需要去找医生进行的定期复查，他的生活没有发生太大改变。

我们可以且应该保持对自身问题和决策的控制力和所有权，只在需要的时候求助于专家。专家需要明白，他们的视角并不完整，观点并不全面，因此，他们给予客户建议时应该与客户合作，而不是完全替客户做选择。

我们应当把自己想象成一位正在创作拼贴作品的艺术家，专家只负责提供拼贴素材，我们才是选择素材、设计作品的人。

THINK FOR YOURSELF

做有主见的人

- 在复杂的决策环境中，一切都是概率性的，最好的决策策略是不断根据变化调整应对方案。
- 要做出成功的决策，我们就必须充分了解自己面临的情境。
- 我们以为自己所知道的，往往比我们真正知道的要多；我们不知道的，也往往比我们想象的要多。
- 驾驭复杂性的正确方法是让前进的道路自己浮出水面。
- 尽管标准程序在某些情况下是有效的，但领导者不应盲目遵循，而应结合情境灵活变通。
- 把自己想象成一位正在创作拼贴作品的艺术家，专家只负责提供拼贴素材，我们才是选择素材、设计作品的人。

THINK
FOR
YOURSELF

第四部分

AI 时代最重要的是独立思考

身处信息泛滥的世界，我们必须开发出称心的工具来重获控制权。在 21 世纪保持主见绝不是要我们自作主张，而是在需要的时候用好专业知识，并时刻警醒自己所接受的专家意见的局限性。同时，保持主见也包括通过想象未来的多种可能性，平衡广度与深度，来从容应对无所不在的不确定性。事实证明，用积极的眼光去看待模糊和无知，可以帮助我们发现更多独特的潜在机会。独立思考能够帮助我们重建属于自己的知识体系。

THINK FOR YOURSELF

第 11 章

跳出专家与AI的局限，看到更多的可能性

与其惧怕，不如拥抱不确定性。

由于我们日常生活中的不确定性日益增多，前文所述的习得性依赖和盲目服从随之被不断放大。我们都害怕不确定性，而专家看似能用其权威的专业性为我们在一团模糊的选项池中找到决策的最优解，于是我们对专家的依赖与日俱增。诺瑞娜·赫兹鼓励人们反对权威并提出质疑，她在 TED 演讲中描述了当前社会盲目依赖专家的困境：

> 在一个数据泛滥和极度复杂的世界……在一个时不时令人恐惧或困惑的时代，专家拥有的像大家长一样的权威性让我们感到放心，他们告诉我们能做什么，不能做什么。但我相信，这是一个大问题，一个对社会、文化和个体都具有潜在危险的问题。这并不是说专家对我们的世界没有做出重大贡献，他们的作用是毋庸置疑的，问题在我们自己身上，我们太依赖专家的帮助了。我们沉迷于他们给予的确定性、肯定态度和指向性，在这个过程中，我们放弃了自己应该承担的责任，用他们所谓的智慧之言完全取代了我们的思考。我们放弃了自己的权利，用专家提供的确定性幻想取代令人不适的不确定性。

与其惧怕，不如学会拥抱不确定性，并积极培养自己应对不确定性的技能。在这方面，未来学家和情景规划师的工作方式值得我们学习。就像披露过水门事件的记者鲍勃·伍德沃德那样，他一直致力于揭露坏人坏事，我们也应该试着挖掘未来的可能性。如此可以帮助我们应对生活中几乎处处可见的复杂性和不确定性。但需要注意的是，情景规划并非对事情发展趋势的必然推断或者预判。

预测是徒劳的，但可以推动我们思考

摩根·罗伯逊（Morgan Robertson）曾是商船上的一名海员，他在厌倦了海上生活之后，转行去当了10年的钻石镶嵌工，最后则以撰写航海故事谋生。他的一生名不见经传，也没有挣到大钱，在53岁时离开了人世。

罗伯逊在生前写过一本小说，小说的主角是一艘“漂浮在水面上的最雄伟的巨轮、人类最伟大的杰作”，他将这本小说命名为《徒劳无功》（*Futility*）。这艘巨轮是“已知文明中存在的每一种科学、职业和贸易”的化身，是集成了所有现代科技的终极奇迹。人们认为这艘巨轮永不沉没，船上装备了当时最华贵的设施，吸引了世界各地的富豪名流，他们将乘坐巨轮，在无与伦比的舒适和极尽奢华的享受中穿越大西洋。舱体内设置了19个防水隔舱，确保巨轮具有充足的浮力。哪怕有9个防水隔舱不幸进水，这艘巨轮仍可以继续安全航行。由于这艘巨轮号称坚不可摧，因此并没有携带数量充足的救生艇，救生艇数量只够船上六分之一的乘客使用。这艘巨轮叫作“泰坦号”。

在罗伯逊的故事中，“泰坦号”在某年4月的一次穿越北大西洋的航行中撞上冰山不幸沉没，众多乘客葬身海底。故事的男主角是一个名为约翰·罗兰（John Rowland）的下级海军军官，他是甲板水手，救了一个年轻女孩，却被女孩的母亲指控绑架，而他也意外发现，女孩的母亲正是自己昔日的情人。整个故事充满了戏剧性。鉴于各类小说的作者都会从历史事件中寻找灵感，你可能会认为，罗伯逊的小说与詹姆斯·卡梅隆在 1997 年执导上映的大片《泰坦尼克号》一脉相承，都是从真实历史事件中改编而来的。

实际上，《徒劳无功》是在泰坦尼克号沉没前 14 年完成的，并且书中很多细节都与泰坦尼克号的沉没悲剧惊人相似。在真正的泰坦尼克号沉没后，罗伯逊被许多人誉为拥有未卜先知能力的非凡“通灵者”。他一概否认这些说法，并解释说，正是他的职业经历让他对海事具有充分的了解，从而能够如此详细地描述船只相关的情况。然而，世人不为所动，仍然固执地认为他具有预知未来的通灵能力。

这个故事如此引人入胜，以至于 20 世纪 90 年代的一部美国电视剧《超越信仰：事实还是小说》（*Beyond Belief: Fact or Fiction*）里有一集讲述了泰坦尼克号的故事，短片强调了“小说和非小说的唯一区别是，一个写在了纸面上，一个发生在现实里”。参演过《星际迷航》的大明星乔纳森·弗雷克斯（Jonathan Frakes）在剧中主演了一名男作家，他以一种挣扎痛苦的方式讲述了这个故事，并在故事的结尾向观众提问以引发思考：这一巧合是不是“另一个预言了真实世界的艺术创作，就像儒勒·凡尔纳（Jules Verne）在潜艇发明很久之前就在其著作《海底两万里》中对潜艇进行了描述，或像达·芬奇在莱特兄弟之前几个世纪就把飞行器的样子画了出来那样”？在剧集的结尾，他像泄露天机那般说道，这个故事实际上是真实发生的。

巧合当然存在。就像老话说的那样，“瞎猫碰上死耗子”，罗伯逊能够“预见未来”的原因只不过是巧合罢了。事实上，罗伯逊为其作品所取的书名《徒劳无功》中就暗含了对那些执着于预测未来的人们的规劝，预测未来是一种徒劳无功的行为。毕竟还有一句老话是这么说的，“天机不可泄露”。

人们只需要看看专家对未来局势的预测就能知道，号称神机妙算是一件多么离谱的事情。以南方卫理公会大学（Southern Methodist University）经济学家拉维·巴特拉（Ravi Batra）在 1987 年所著的《1990 年大萧条》（*The Great Depression of 1990*）一书为例，尽管该书的精装版在畅销书榜单上霸榜了 10 个月，平装版更是超过了 19 个月，但它完全误判了未来。与书中预测的完全相反，20 世纪 90 年代成为人类技术发展史上最具生产力的时期之一。还有许多类似的错误预测，简直数不胜数。然而，尽管预测行业的业绩好坏参半，甚至这种说法还是非常乐观的，但人类似乎天然存在一种永不满足的欲望，试图对未来一窥究竟。诺贝尔经济学奖得主肯尼斯·阿罗在回忆起他为美国陆军航空队工作的经历时，极其敏锐地捕捉到了这种人类对预测未来的渴望。尽管他通过静态随机的计算方式得出，军队上级领导所依赖的天气预报并不会比瞎猜准确多少，但他的建议还是被有关方面否定了，并被告知“指挥官很清楚这些预报不是准确的，但他需要用它们来帮助制订行动计划”。

虽然上述这句话听起来很滑稽，但我觉得它并非全然无用，甚至可以说大有裨益。现实中，准确性不能也不应该成为对未来思考进行评估的标准。我认为，实用性是一个更好的标准。正如无法通过结果来评估决策过程的质量一样，我们也无法通过准确性来评估预测过程的质量。好的过程有时会导致坏的结果，俗称“有心栽花花不开”；同样地，糟糕的过程有时也会带来好的结果，也就是“无心插柳柳成荫”。但随着时间的推移，好的过程应该会有更高的概率产出好结果，而糟糕的过程也应该会更高概率导致坏结果。

如果我们将上述逻辑应用于对未来的预测，我们很快就能体会到它们在帮助我们以不同方式思考时可能提供的价值。这种思考方式可以帮助我们跳出藩篱、拓宽视野，看到未来更多的可能性。

用情景规划法应对未知

你可以去思考未来各种不同走向的情景，尽管这个方法有些机械化，但在面临本质上的不确定性时，它可能是帮助决策最有用的方法。情景是未来可能发生的故事，每个情景出现的可能性不同。**对情景进行想象和描绘，可以帮助我们明确自己对未来的预设，沉着应对未知。**

情景规划作为应对不确定性的方法已经存在很长时间，它真正始于赫尔曼·卡恩（Herman Kahn）。他借鉴了美国空军的军事场景规划，并试图将这种方法应用于商业环境。卡恩是一位具有系统性思维的人，他创立了哈德逊研究所（Hudson Institute），并在兰德公司（RAND Corporation）担任核战争方向的战略研究家。1967 年，他和同事安德鲁·维纳（Andrew Wiener）合作撰写了《公元 2000 年：未来 33 年的推测框架》（*The Year 2000: A Framework for Speculation on the Next Thirty-Three Years*）。1976年，他又和其他同事合著了《今后 200 年：美国和世界的前景》（*The Next 200 Years: A Scenario for America and The World*）。

卡恩曾描绘过这样一个故事，那就是 20 世纪 70 年代世界上最贫穷的国家之一韩国，将会在世纪之交异军突起成为一个强大的经济体，这个情景在当时看来可能有点牵强。卡恩是一位乐观主义者，1983 年，美国正从经济衰退中复苏，他在《即将到来的繁荣》（*The Coming Boom*）中预测，罗纳德·里根（Ronald Regan）的改革议程将为美国带来巨大的经济、政治和社会进步。

如果说卡恩是现代情景规划之父，那么皮埃尔·瓦克（Pierre Wack）就是将情景规则在商界的实用性提升到新高度的人。瓦克和他在荷兰皇家壳牌集团战略规划部门的同事们都明白，油价的涨跌对他们的业务至关重要，但由于油价长期以来相对稳定，所以很少有人对此感到担忧。一个情景规划者认为这是一种存在缺陷的思考未来的方式。由此，瓦克就在 20 世纪 70 年代初开始对可能影响油价的情况进行情景规划，其中有一种情况是，新成立不久的石油输出国组织（OPEC）有大动作，从而给油价带来巨大影响。1973 年，中东爆发“赎罪日”战争（Yom Kippur War），全球石油市场大乱，壳牌比大部分石油公司都应对得更沉稳，因为这在他们的情景规划之中。同样曾在壳牌的战略规划部门任职的彼得·施瓦茨（Peter Schwartz）在其著作《情景规划：为不确定的世界规划未来》(*The Art of the Long View*)中总结了壳牌所使用的情景规划的价值，“最终结果……不是对未来的准确描绘，而是对未来的更好决策”。

我们都可以从壳牌成功应对20世纪70年代石油危机的案例中汲取经验。我们都深刻地理解，世界充满了不确定性，但我们不必对其内部的发展变化感到惊讶。事实上，如果不去拥抱不确定性，而是试图规避它，我们就可能会遗漏明显存在的风险，并可能会错过巨大的机会。毕竟，我们都有能力去想象这些可能发生的情景，这是连孩子都会经常锻炼的技能。全球最具影响力的教育家、作家、创意专家肯·罗宾逊（Ken Robinson）在TED演讲《学校是否扼杀创造力》(*Do Schools Kills Creativity?*)中说明了想象力的自然力量，他讲述了一个上绘画课的小女孩的故事：

> 小女孩只有6岁，她坐在教室的后排，正在画画。她的老师说她几乎从不注意听课，但是在这节绘画课上她听得很认真，老师饶有兴趣地走过去，问她：“你在画什么？”她说：“我在画上帝。”老师说：“可是没有人知道上帝长什么样啊。”小女孩说：“你们马上就能知道了。”

这种活跃的创造力和开放的心态是年轻人的天性，孩子们大多倾向于畅所欲言。事实上，罗宾逊讲述的故事让我想起了几年前我家的一次感恩节活动。在那一年，我的体重明显减轻了。当我们全家一起吃饭时，话题不知怎么地转到了我的腰围上，大家都在说：“哇……你瘦了这么多……你是怎么瘦下来的？我也想瘦这么多！”在这场漫不经心又带点插科打诨的聊天中，我的一个孩子突然插了一句：“哈哈！爸爸丢掉的体重被妈妈找到了。”

哎呀！虽然我的妻子克里斯汀增加了一点体重……但我在她面前也没什么

好值得骄傲的。家人们在一阵欢乐的大笑之后陷入了沉默，我和克里斯汀的脸都变得通红，我们尴尬极了。但我心里也升起了一点复仇的快感，因为几年前我还没减肥成功时，曾宣布要参加铁人三项比赛。当我的家人问我“要参加哪一场”时，我回答道：“短跑距离赛，可能是威尔斯肯纳邦克铁人三项赛，也可能是新罕布什尔州的南瓜人大赛。”克里斯汀笑道：“南瓜人？这听起来挺适合你的，你绝对不会是铁人。”

也许，有些不可爱的信息确实应该被信息过滤器早点筛出去。

让我们回到自然创造力的问题上。随着时间的推移，想象力会从我们身上慢慢消失，但这并不绝对。我们可以也应该经常思考未来可能发生的情景，不然就更可能遭遇悲剧。

考虑无关选项

有很多例子表明，将看似不相关的观点联系起来的广阔视角会产生令人惊讶的洞见。作为一名在全球穿梭的“多面手”，我设法在想法和主题之间找到大量令人惊讶和强大的联系，而这些联系可能并未自然地联系在一起。事实上，两年来，我每周都会写一篇文章，将其发布在我的领英账户和个人网站上，我将看似不相关的话题联系起来，然后讨论其含义。

在一篇文章中，我思考了美国人对牛油果酱的痴迷是如何影响墨西哥的气候变化和有组织犯罪活动的。究其原因，当你查看相关数据时就会发现，美国消费的牛油果中约有 80% 来自墨西哥的米却肯州，而那里又是该国帮派斗争最激烈的地方。当地的土地所有者在经济效益的激励下广泛种植牛油果，这就导致了大量的森林砍伐活动，引发了气候变化。

在另一篇文章中，我探讨了天气是如何对哥伦比亚和英国的民意调查、选举结果产生影响的。2016 年，哥伦比亚人民拒绝了一项旨在结束当地持续了 50 多年的战争的和平协议。同样，在关于英国是否应该脱欧的公投中，脱欧阵营也取得了令人惊讶的胜利。这两个民意调查的结果是否有关联呢？事实证明，天气因素可能在两次公投中都起了作用。在哥伦比亚，飓风马修（Hurricane Matthew）在投票当天横扫了许多支持停战的投票点，使投出“赞成”的比例很低。英国也出现了类似的情况，投票期间，“留欧派”所在地区下了一整个月的暴雨。像天气这样看似不相关的因素，是否真的会在重大政治决策中发挥重要作用呢？我们对事件表面原因的关注是否会掩盖其潜在的深层原因呢？

或者换个角度，我们可以探讨金融领域的泡沫。通过观察建筑，我们就可能找到切入点去深入理解金融泡沫的本质。事实证明，在世界上最高的摩天大楼中往往会出现金融泡沫。首先，摩天大楼本身就是极度的傲慢自负、宽松的货币条件和高风险偏好的投机倾向最外露的集中体现。人类不断追求寿命的延长，为什么还要不断追逐大楼的高度？这种膨胀扩张的心态是不合理的！其次，摩天大楼的建造往往需要大量资金投入，所以需要宽松的融资条件支持高杠杆投资。最后，这些高耸入云的摩天大楼通常是由开发商建造的，开发商普遍对“只要建起来，租户自然来”的投机理念充满自信。

“摩天大楼指数”似乎一直在默默影响经济。1929 年，纽约的三座大楼，即华尔街 40 号、克莱斯勒大厦和帝国大厦，竞逐世界第一高楼的地位，大萧条随之而来。1973 年和 1974 年间，纽约的世界贸易中心和芝加哥的西尔斯大厦荣膺桂冠，接着当时的经济就进入了长达 10 年的滞胀期，并遭遇了多次油价冲击。1997 年，世界第一高楼的殊荣转移到了刚刚落成的马来西亚双子塔身上，然而此后不久，东南亚金融危机爆发。同样地，中国台湾因硬件和半导体制造等高新科技行业的发展而日益繁荣，台北 101 大楼的建设却预示了互联网泡沫的破灭。2007 年，后来更名为哈利法塔的迪拜塔获得“世界上最高的独立建筑”的称号，随即全球迎来了金融危机。

那么，我们该如何看待以下事实：沙特阿拉伯计划建造一座号称将要拿下世界第一高楼称号、高达 1 千米的高塔，而迪拜不希望被超越，因此建造 1.3 千米高的迪拜云溪塔？这些计划不用等到封顶大吉那一天，仅仅是放出消息就足以引起我的高度注意！对于那些想要对摩天大楼指数及其理论逻辑有更多了解的读者，我推荐你们去阅读马克·桑顿（Mark Thornton）的著作《摩天大楼诅咒》（*The Skyscraper Curse*）。

虚构情节帮助我们走出固定场景

如果说不思考未来的各种可能性存在风险，那么思考了各种可能性是否会带来更多的机会呢？毫无疑问，想象力会产生许多稀奇古怪的想法，而其中有些想法可能会带来天翻地覆的变革。毕业后，我的生活便被工作占据，我几乎没有闲暇时间再去读书了。而真正读书时，我又总是去追踪和阅读最新的投资、商业或经济相关的非虚构类图书，这让我感到很有压力。在过去的 10 年里，我开始定期阅读小说，这能够帮助我想象不同的世界、可能的情景和另一种未来。我强烈推荐你也读些小说。尽管我曾经也为自己在白天观影娱乐而感到内疚，但我还是这么做了，且并没有为此后悔，因为有几次我发现自己的思维陷入死胡同，小说和电影故事里的虚构情节有助于我们跳出思维定式，去想象那些可能不会自然进入我们视野的情景。正如杰莎明·韦斯特（Jessamin West）所说，“小说揭示了现实所掩盖的真相”。

我读过的最具冲击力的小说之一是于 2009 年出版的《一秒之后》（*One Second After*），该书由军事历史学家威廉·福岑（William Forstchen）所著，书中描绘了美国电力基础设施因遭遇电磁脉冲而瘫痪的可能性。在该书前言中，美国前众议院议长纽特·金里奇（Newt Gingrich）将这本书描述为一部可能一语成谶的“未来史”。我甚至将这本小说用在了教授系统性思维的课堂上，借此对学生阐述现代生活中人类对关键基础设施的依赖是何等强烈，以及当基础设施受到破坏时，我们的社会、文化、经济和政治系统可能会崩溃到何种不堪设想的程度。这本书以极尽震撼的表现手法，描绘了在经历电磁脉冲攻击后人类社会残败暗淡的悲凉画面，如果不曾读过这本小说，我可能永远也不会理解或想象其全部影响。

另一个在我脑海中留下不可磨灭印象的未来画面来自玛格丽特·阿特伍德（Margaret Atwood）所著的《羚羊与秧鸡》（*Oryx and Crake*），这本书讲述了在生物工程发展后，被创造出的物种最终战胜其创造者的故事。故事中创造出来的新物种是用于定制人类移植器官的基因工程猪，但它们逐渐进化出了独立思考的能力，并最终对人类实行猎杀。我觉得这个故事中很有趣的一点是，阿特伍德拒绝称她的小说为“科幻小说”，因为正如她在 2004 年所写的那样，“这个标签意味着，书中写的是现下还没发生或刚刚开始的事情”。从本质上讲，她在书中描述的恐怖又魔幻的世界并不需要通过未来的技术创新来实现，因为这是基于当前世界的可能性做出的推论。通过将她的作品划分为“推想小说”（speculative fiction），阿特伍德迫使我们以不同的方式思考，在现有技术条件下，世界将会以何种形式演变。这实质上就是在让人们接受不同的观点。

我也喜欢通过看电影来帮助自己想象那些与自己不同的视角。科幻片《世界末日》（*Armageddon*）的开场白就是一个很好的例子，它显示了一部作品是如何从根本上迫使观众用不同的方式思考的。影片的开头从地球的远景徐徐推进，画外音响起：“这是地球，那是恐龙称霸的时代，万物滋长，欣欣向荣……”然后画面切换，一颗小行星正在飞速冲向地球。画外音继续道：“一块只有 9.7 千米宽的岩石却改变了这一切。”

画面上，小行星击中地球后，画外音继续说：“它以一万枚核弹的威力撞击地球……一万亿吨的灰尘和沙石被投向大气层，形成了一层令人窒息的尘埃，阳光在千年内都无法穿透。”当画面呈现整个地球被小行星撞击产生的爆炸所覆盖时，令人不安的配乐响起，画外音警告道：“曾经发生过的……将会再发生……只是时间问题。”

如果你认为这只是好莱坞式奇幻故事，只是让我们娱乐以逃避现实，那就想一下 2015 年 8 月 1 日刊发的《经济学人》提出的一个情景。一篇题为《如果一颗小行星飞向地球》（*What If an Asteroid Heads for Earth?*）的文章被收入《经济学人》的年度情景集《假想世界》（*The World If*），这个年度情景集的发布是为了配合杂志年末的《×××× 年的世界》专刊（*The World in ××××*）。文章中出现的假想场景对推动读者思考具有巨大的价值。正如你所知的那样，我是这个栏目的忠实粉丝，总是怀着虔诚的心态阅读。

通过阅读进行场景描绘和天马行空的想象，可以帮我们跳出固定的思维模式。好莱坞擅长用商业大片讲述故事，而电影故事往往比文字更能对思想产生持久的影响力。所以，让我们来假想另一种情景：加利福尼亚州从美国大陆上分离出去。这个假想真实发生的概率听起来也许像小行星撞击地球一样小，对吧？那如果我告诉你，有一些严肃的思想家正在关注这种可能性呢？

电影《末日崩塌》（*San Andreas*）讲述了一个人们在历经地震浩劫后顽强生存的动人故事，其中有一个场景是，地震后船只在旧金山市中心驶过。这是一种可能发生的情景吗？它的真实性有多高呢？我们对这些情景的假想，是不是在浪费珍贵的大脑处理能力和有限的注意力呢？也许是，也许不是。

凯瑟琳·舒尔茨（Kathryn Schulz）是一位《纽约客》的专栏作家，曾出版过一本关于应对错误的绝妙之书《我们为什么会犯错？》（*Being Wrong: Adventures in The Margin of Error*），这本书受到哈佛大学校长德鲁·福斯特（Drew Faust）的强力推荐，建议每一位新生在开学前都去阅读。她还写过一篇文章，假想了在一场地震后，太平洋西北地区发生彻底改变的可能性。

2015 年 6 月，舒尔茨在《纽约客》上发表了一篇题为《真正的大地震》(*The Really Big One*)的文章，文章副标题是“一场地震早晚将摧毁西北沿海的绝大部分”。对我来说，这无疑就像《世界末日》的开场！

在此，我想提出一个警告。我们很容易将《末日崩塌》和《世界末日》中的自然灾害情节视为生活中不太可能发生的极小概率事件，但这样会错失它们的真正价值。这些电影通过强迫我们观看和思考其中极端的画面，拓展了我们对未来的想象。一部好的电影需要足够“真实”，这样我们才能不出戏，所以电影中许多看似无关的细节都值得细细推敲。

有一部在 2011 年上映的电影，名为《传染病》(*Contagion*)，讲述了一个美国大规模流行的传染病引发社会面恐慌和混乱的故事。通过将故事地点设置在美国，该电影尤为突出地用贴近现实的细节描绘和打造了一个“真实”的场景。这是一个绝妙的例子，它创造了一个反馈循环，并搭建了完整的系统，因此，我常在课上要求学生观看它，并用一整节课的时间来讨论它。电影的开头是一名女子旅行回国后出现了无法解释的病症，随即不治身亡。很快，与她曾有身体接触的人也出现了类似症状。随着疫情的发展，我们能够从电影中看到美国在政治、社会、经济、道德等方面出现令人不安的崩溃，整个美国陷入了一片可怕的混乱中。每次我看这部电影时，都会为电影中呈现的二阶效应感到无比焦躁。毕竟，一种具有毁灭性的疾病在美国迅速蔓延已经足够可怕，但民众恐慌的影响、社会秩序的崩溃、边境的封锁、军方对疾病防治的参与和对人员流动的控制，以及重新冒出的利益冲突，这些都让人更加不安。但想象这些情景是有用的，万一你的邻居感染了一种致命的疾病，而社会决定将你和他一起隔离，你会怎么做?

为了不剧透，我只能告诉你，疾病的起因是某种人畜共患病，即病原体是从动物传播到人类身上的。从某种程度上说，这部电影是对不理智的城市化和全球化的警告，因为如果没有高速发展，就不会发生人类对动物栖息地的入侵……如果没有这种相互作用，传染病大流行可能就不会发生。

因此，鉴于城市化现在有增无减，我们可以从这部电影中学到什么呢？例如，美国疾病控制和预防中心是否应该开始储备更多针对罕见病的治疗药物，以防止其在民众之间传播太快，以至于药物供给不足？是否要与世界卫生组织在内的全球性组织建立交流协同机制，以便迅速制订应急协调方案？这样的准备肯定会有用，对吧？也许未雨绸缪应该代替准时制。

因为情景规划的价值如此之高，所以我们也需要小心，不要过度定义可能发生的各种情况。**在规划如何应对突发事件时，我们需要提前考虑未来的不确定性，但过度准备也会影响临场表现。**我们应当专注于根据形势制订计划，而不是对着制订好的计划照本宣科。著名拳击手迈克·泰森（Mike Tyson）有一句名言：“每个人都有一个计划，直到被一拳打在脸上。”我们需要保持动态调整的能力，以便对所处局势随机应变。

例如，在 2017 年 4 月，我登上了一辆从波士顿开往霍普金顿的巴士。作为一名公益跑者，我在进行了几个月的训练后，即将参加我人生中第一场马拉松比赛。我制订了一个周密的计划，并为此做了充分的准备。但是，在跑了 27 千米之后，我的腿不知怎么地变得像灌了铅一样沉重。为了恢复运动能力，我不得不停下来做拉伸运动。我计划得面面俱到，我也有能力在面对突发事件时随机应变迅速调整。我可以很高兴地说，尽管用了精英跑者两倍以上的时长，但我还是坚持完赛了，真的太棒了！

调整关注点，避开琐事

请不要感到奇怪，本章探讨的许多内容在其他章节中也反复出现过。这没有问题，因为我们的社会在各方面高度互联互通，这也是为什么系统性思维在理解动态变化的情况上如此有价值。为了应对不确定性，运用系统性思维并研究反馈回路的作用机制是很有用的。**系统性思维的关键是连接各个分散的要素点，而不是生成更多零散的点。**一个变量是如何影响另一个变量的？系统性思维还促使人们从大的视角看问题，由此可以替代常见的狭隘视野。

美国前国务卿迪安·艾奇逊（Dean Acheson）将战略规划描述为展望未来，“不是着眼于遥不可及的未来，而是比陷入当前战斗和危机之中的作战人员看得更高远一些；有足够的先见之明能够看到即将涌现的新动向，并有助于列举出措施以应对或预测形势的变化”。这听起来很像是管理你的焦点。战略规划“也可以是通过新的分析视角来重新解释过去和现在的行动”。此外，对于如何进行信息过滤和焦点管理，我们可以参考在美国国务院政策规划室成立初期，时任美国国务卿乔治·马歇尔（George Marshall）给规划室第一任主任乔治·凯南（George Kennan）下的一个简明指示，那就是“避开琐事”。

我认为，“避开琐事”就是对本章所介绍的连接要点、驾驭不确定性、情景规划等方法最精准的表述！琐事，就是在情景中随机出现、即使被移除也没有影响的信息。就像我在 20 世纪 80 年代风靡的棋盘游戏《全民猜谜大挑战》（*Trivial Pursuit*）中所做的那样，先把游戏过程中随机出现的不相关想法，也就是我们所说的琐事暂时放在一边，然后后退一步，采用与终极任务相关的全局性思维。这样做可以让我们突破已有思维的局限，思考一个领域的发展能够如何激励和推动另一领域的进步。

分散关注点有助于形成突破性思维

许多在自身事业领域辛勤耕耘的专业人士常会感到内疚，因为自己有些看起来“不务正业”的小爱好会分散时间精力。但事实上，他们对自己兴趣爱好的克制反而可能会损害工作效率和个人幸福。除了能够提供心灵的愉悦和审美的享受，艺术还能激发人们的想象力，助力培养突破性思维。有不少证据表明这个观点所言非虚，因为许多领域中的精英在艺术方面也颇有造诣。例如，有研究表明，诺贝尔奖得主比其他科学家更热衷于进行艺术和手工艺活动；同样地，那些成功创业的企业家也对艺术有更高的参与兴趣。

这些事实告诉我们，应该对个人生活和职业发展中的非线性思维及活动持开放态度。我们需要用丰富多元的经验扩展思维，以便在需要时参考借鉴。例如，阅读小说和欣赏电影就是一种帮助我们进行更广泛思考和更创新想象的好方法。另一种扩展思维的实用方法是，在不同的业务领域或地区寻求职业机会。我想，我们最好是把职业生涯的发展看作玩攀爬架，而不是爬梯子。有时候，从 A 点到 B 点的最快路径是平移；但有些时候，也许从 A 点到 B 点需要先爬下来，再爬到另一个地方，然后再爬上去。也许，你可以在高低错落的位置看到不同的景色！

当面临巨大的不确定性时，你既要了解自己知道什么，也要了解自己不知道什么。这样的逻辑方式看似平平无奇，但它对一个人应该如何管理自己的职业生涯，以及一个组织应该如何管理人力资源都有着重要的意义。具体来说，既具有高度批判精神，又能谦逊自持，且能够思考未来发展的可能性，但不被各种可能性的预测束手束脚，这样的人更有能力驾驭不确定性。因此，个人应该在各种不同的职业岗位中积累经验，学习自己未知的知识。在不同岗位的实践中获得的反馈能够充分激发个体潜力，提高其驾驭未知形势的能力。

THINK FOR YOURSELF

做有主见的人

- 与其惧怕，不如学会拥抱不确定性，并积极培养自己应对不确定性的能力。

- 对情景进行想象和描绘，可以帮助我们明确自己对未来的预设，沉着应对未知。
- 通过阅读进行场景描绘和天马行空的想象，可以帮助我们跳出固定的思维模式。
- 在规划如何应对突发事件时，我们需要提前考虑未来的不确定性，但过度准备也会影响临场表现。
- 系统性思维的关键是连接各个分散要素点，而不是生成更多零散的点。

THINK FOR YOURSELF

第 12 章

追求知识深度与视角广度的平衡

专家和技术只是对我们思维的补充，而不是替代。

我们需要从专家和技术的手中夺回对自己生活的自主权，这并非易事，需要我们坚定信念，并相信自己的本能，实现在 21 世纪的自力更生。**我们需要恢复对常识的信任，专家和技术只是对我们思维的补充，而不是替代。**在决策过程中，我们应该让专家随时待命，而不是将他们奉若神明。我们都有能力和责任俯看全局，并将各个信息点连接起来，如若不然，很可能会产生比我们要解决的问题更大更多的麻烦。这里最重要的是，我们需要想出一种新的方法来更好地运用专家的能力。要做到这一点，我们就需要摒弃过去那种对特定领域钻研深度的崇拜，重新提起对广度的关注。只有如此，我们才能从本书讨论的各类焦点管理者那里收回自主权。

从根本上讲，21 世纪的自力更生就是独立思考。拉尔夫·沃尔多·爱默生（Ralph Waldo Emerson）鼓励人们独立思考，他说："一个人应该学会发现和观察自己内心深处闪烁的微弱光亮，而不仅仅是注意诗人和圣贤辉耀天空的光彩。"尽管这句话写于 1841 年，但在今天看来依然熠熠生辉。在此，我们不难理解，若把"诗人和圣贤"改为"专家和技术"，这句话与我们的相关性就直接体现出来了。

大家可能不知道的是，乔布斯之所以能在苹果产品中设计出漂亮的字体，是因为他在里德学院上了一门美术字课程。乔布斯后来退学了，他当时上这门课纯粹是出于兴趣而非学位的考量。乔布斯后来说："10 年后，在我们设计第一台麦金塔（Macintosh）电脑的时候，书法课上的所学全都浮现在我的脑海里。我们把它全部融入电脑的设计中，这是史上第一台拥有精美字体的电脑。如果我在大学时期从未旁听过那门课，Mac 电脑就不会有如此丰富的字体和如此适当的字体间距。而且，Windows 基本上照搬了 Mac 的字体设计，所以如果我没去上那门课，很可能所有个人电脑都不会拥有如此美妙的字体。"当乔布斯当年去上美术字课程时，并不知道这在未来会派上用场，他只是在追求兴趣，他说："当然，在大学的时候，我不可能从这一点看到未来，但回首往事，一切都非常清晰。"

在乔布斯的故事中，我们可以获得的启发是，今天的过度计划和集中思考会削弱你明天连点成面的能力。因为我们不知道哪些要点会在日后被证明确实有用，所以在我们的素材库中，所有的知识点都是有意义的。但是，过度的专业化会限制我们看到的点的数量、类型和范围，也会限制我们对所处大环境的认识。随着社会朝着越来越专业化的方向前进，我们也越来越低估对广度的涉猎。现在人们过度"求深"，是时候去重视和平衡"求广"了。

培养一流人才的"低能儿收容所"

《低能儿收容所》（*Profession*）是艾萨克·阿西莫夫（Isaac Asimov）于 1957 年写的一篇超棒的短篇小说，这篇小说或许比现代纪实故事更能说明深度专业化和技能教育的根本缺陷。

故事发生在遥远的未来，虽然以地球为背景，但其中也有被称为"外空世界"的各种遥远星球。故事主角乔治·普拉登（George Platen，后文简称乔治）想成为一名注册计算机程序员。在这个设定的未来世界中，人类的个体发展轨迹上有 3 个关键的时间节点：阅读日、教育日和奥林匹克节。阅读日是一个年满 8 岁的孩子向医生报到的日子，在那一天，医生会在孩子的额头上安装连接到机器上的电路线。经过几次操作后，每个孩子都能获得阅读能力。教育日大约在阅读日 10 年后举行，那一天对父母和孩子来说都是最重要的日子，因为这一天决定了孩子的大脑中会被安装什么样的专业知识，就像为电脑安装软件一样，由此决定孩子的职业。顺便说一句，教育日有点像韩国学生参加大学入学考试的日子，《经济学人》有一篇文章将韩国称为“只有一次机会的社会”。奥林匹克节则是一个一决胜负的日子，每种职业最有能力的人将有机会在这一天崭露头角、脱颖而出。

乔治是地球上一名注册管道工的儿子，他渴望成为一名注册计算机程序员，这样他就有可能在一个理想的星球上找到一个家。在阅读日，为乔治安装阅读能力的医生注意到了过程中的异常，其原因将在他的教育日经历中被揭晓。

在教育日那天，乔治没能成功接受教育，他被送到更高级的教育官萨姆·埃伦福德（Sam Ellenford）那里。埃伦福德说：“乔治，你不可能成为一名计算机程序员，我想你应该能猜到为什么。”

在被迫接受了这个痛苦的现实后，乔治怀着一丝希望问道：“那么，我会从事什么职业？”

“这就是我们很难说明的部分，乔治，”埃伦福德回答道，“你无法从事任何职业……每隔一段时间，我们就会遇到这样一个年轻人，他的大脑不能接受任何输入的知识。”

“你是说，我是不能被教育的人？”乔治开始慌了。

“是的。”埃伦福德接着向乔治描述道，“你将会被送往一颗专门的星球保护起来。”乔治害怕地问道：“你是说，我要进监狱了？”

“当然不是，你将会和你的同类待在一起……你需要特殊的关照。”

垂头丧气的乔治问起这是否会让他的家人受到歧视，埃伦福德让他放心，他们只会被告知他被派去执行一项特殊任务。最终，乔治和另一个“无法被教育”的室友作伴，并发现自己住的地方被称为“低能儿收容所”。乔治对于自己被安置在那里感到无比愤怒，并且坚信这其中发生了严重的错误。于是，他伺机逃跑，并试图说服别人相信他不是个不能被教育的“低能儿”。凭着“狗屎运”，乔治遇到了一位试图帮助他的历史学家。

在他们的讨论过程中，历史学家回答了乔治关于当前的教育机制为何如此运作的问题：

> 当大脑中储存知识的机制被发现后，转折点就出现了。一旦这项研究成熟，我们就有可能设计出教育磁带，以某种方式修改机制，在人类的大脑中装入一套现成的知识。地球输出低专业化职业的教育磁带，以此来保持银河系文化的统一……地球也输出高专业化的人员……此外，磁带及人员输出的收益是我们非常需要的资金，也是我们赖以生存的经济支柱。现在，你总该理解为什么说我们的教育是最好的途径了吧！

这位自称社会科学家的历史学家要求对乔治进行研究。乔治表示拒绝，除非历史学家能帮助他。历史学家同意了，乔治要求与一位外空世界的官员会谈，很快他便获得了这次机会。他试图说服官员自己值得被雇用，并讲述了一个朋友的故事，那个朋友因不能获取磁带而无法接受教育。

乔治继续解释道："磁带实际上很糟糕，由于教得太具体太详细，学起来又太容易，导致用这种方式学习的人不知道其他学习方法，他们被固化了。所以，如果现在不向个人提供磁带，而是强迫他们自己学习，他们就会养成学习习惯，并持续深入学习。"他接着暗示这位外空世界的官员，如果打破磁带教育的循环机制，就有可能打破对以地球为中心的垄断知识体系的依赖。

这位官员接着问道："如果没有磁带，人们要从哪里获得知识呢？从星际真空中获得吗？"

"通过书本，"乔治回答道，"通过对知识体系本身的学习，通过思考。"

这位外空世界的官员仍然持怀疑态度，他认为，从零开始学习到成为熟练工所需的时间太长，而且即使最终达到熟练工水平，也无法与从磁带中受教育的竞争对手相比。他告诉乔治，那些自学的人无法像接受磁带教育的人那样有能力。

乔治赶紧说："等等，让我说完。即使他对某些知识还不太了解，但重要的是他有进一步学习的能力。他可能会去思考一些东西，思考那些接受磁带教育的人想不到的新东西，这样你就会收获一批有创意的思想家。"

尽管觉得这个想法很有趣，但这位外空世界的官员认为乔治只是一个任性的孩子。当通信屏幕变成一片空白后，沮丧的乔治迷迷糊糊睡着了……当他醒来时，室友向他打招呼，并告诉他那位历史学家实际上是被派来帮助他适应自己未受教育的状态的。

乔治恍然大悟："现在我明白了……到底是谁做出了这些磁带，是专业磁带技术人员吗？那么，又是谁来制造出培训这些技术人员的磁带呢，是更高级的技术人员吗？你明白我的意思吧，这总会有个最高级的终端，总会有个地方，那里都是有原创思维能力的人。”

他的室友纠正了他：“这个地方的正确名称是高等研究院。”

“为什么一开始没有告诉我这个？”乔治问道。

他的室友告诉他，大约有万分之一的孩子会在阅读日表现出某种创造性思维的倾向，但由于当前没有可用的方法来具体检测这种能力，这些被标记的孩子就会在教育日再次接受检查。“那些被筛选出的孩子就会被送到类似这里的地方，”室友接着说，“那些被筛选出的具有创造性思维的孩子从未被公之于众。因为我们不可能让所有接受了磁带教育的人都认为自己才是失败者，他们的人生目标就是找到适合的职业，这是他们为之努力的方向，每个人都能找到自己的命名方式：注册什么什么员或注册什么什么师”。

他继续说道：“来到这里的孩子中，十有八九也不是创造性天才，我们无法通过任何形式的机制来判断谁才是那个我们想要的十分之一二……所以我们把你带到低能儿收容所，一个无法接受这一安排的孩子就是我们想要找的人……像你这样的人有上万个，乔治，你们是推动众多领域技术进步的中坚力量。”

平衡知识的广度和深度

在地球上，目前关于深度和广度最为活跃的争论战场莫过于教育领域。多年来，政策制定者一直哀叹缺乏技能导向的教育，常常贬低那些追求通识教育的人。2014 年，时任美国总统奥巴马在访问威斯康星州时发表演讲，承诺会促进技能培训，振兴美国制造业。他说：“我向你们保证，你们可以做得更多……拥有熟练的制造技术……一定能比学艺术史的人更有市场。”类似地，

2011 年，时任佛罗里达州州长里克·斯科特（Rick Scott）也表达过类似观点：培养人类学家占用了其他专业的教育资源。他进一步问道："拥有更多的人类学家关乎我州的切身利益吗？我不这么认为。"最后，持类似观点的还有北卡罗来纳州州长帕特里克·麦克罗里（Patrick McCrory），他建议那些对性别研究感兴趣的学生去私立学校就读，因为他不想"拨款给那些让学生找不到工作的公立学校"。

这样的例子我还能举出很多，但问题的关键其实非常简单：2008 年金融危机后萧条的经济环境让更重实践的职业培训和教育更受欢迎。事实上，这种以实用性为导向的观念成了主流趋势，以至于政客和专家都高度赞颂职业技术教育，而不是通识教育。在此逻辑之下，拿到一个技工证或者类似的职业资格，成为人们趋之若鹜的目标。

最近这些关于教育实用性的激烈争论是因为当今社会技术进步太快，而这些进步对求职者的技术要求越来越高吗，还是因为 21 世纪的全球化正在迫使世界各地最优秀的人才同台竞争呢？这两个观点都是合乎逻辑的解释，它们解释了为什么现在的美国专家和政客都把实用性作为衡量教育成功与否的关键标准。

请看看下面这句摘自《大西洋月刊》一篇文章中的话："我能为我的孩子做些什么？我能负担得起，也很高兴能给他最好的培训……我想给他提供实用的教育，这能让他做好准备，追随我的职业或其他一切积极的职业。"这是当今每一位家长都能感同身受的焦虑，对吧？我想大多数父母都能立刻将自己代入这种心态之中。

如果你得知，这篇文章是由查尔斯·艾略特（Charles Eliot）在担任哈佛大学校长前的 1869 年 2 月撰写的，你会感到惊讶吗？也就是说，对教育实用性问题的关注并不新鲜，它至少已经存在了上百年，尽管在现在看来依然值得讨论，但我们应该先来看看前人都为此发表过什么观点。

关于教育哲学的现代争论可以追溯到 1828 年由耶鲁校务委员会与学术委员会撰写的《耶鲁大学教学课程报告》(*Reports on the Course of Instruction in Yale College*)。这份报告在今天被称为《1828 年耶鲁报告》(*1828 Yale Report*)，它建议，古典课程体系应该关注学生在大学期间通过努力“可以达成的两个要点”，即“规范与武装思想”“扩展思维能力，增加知识储备”。这两个要点教会学生如何去思考并让他们的头脑充满知识，报告在发表后的几十年里一直主导着通识教育的逻辑。值得注意的是，这份报告中并没有提到任何关于实用性的部分。事实上，这份报告甚至指出，良好的古典课程体系教育的重点“不是教授任何一种专业所特有的知识，而是为所有专业奠定共同的基础”。

艾略特在 1869 年的那篇文章中，对标以高度实用性和研究性为导向的众多欧洲理工学院，提出了美国大学应通过加强专业研究来补充其古典课程体系的教学取向。他认为，传统专业学院需要转向综合性大学，其中，本科教育的重点仍然是对学生进行基础性教学，而研究生教育的重点是专业化和应用方向的深入研究。不管是好是坏，自艾略特担任哈佛大学校长以来，以研究为中心的研究生教育和以教学为中心的本科教育相结合的培养方式，在美国现代高等教育体系中持续发展了很长时间。

法里德·扎卡里亚（Fareed Zakaria）在其著作《为通识教育辩护》(*In Defense of Liberal Education*)中深入探讨了艾略特的观点，并提出为 21 世纪重新设计创新教育体系。扎卡里亚重新设计通识教育的计划可能是一次最有趣和最雄心勃勃的尝试，我有幸在 2016 年的夏天参与其中。旨在重构通识教育体系的新型学府耶鲁 - 新加坡国立大学学院（Yale-Nus College）于近日落成，该合作办学项目汇聚了世界上两所最顶尖大学的力量，它希望从头开始，摆脱历史包袱，设计一种适应 21 世纪的寄宿式通识教育。

2013 年 4 月，当时还在计划中的耶鲁 - 新加坡国立大学学院的课程报告一经发布，我就立即联系了该学院的拟任校长佩里克利·刘易斯（Pericles Lewis），表示愿意为该项目尽可能提供帮助。鉴于我研究兴趣的多样性，大多数美国大学很难为我找到一个专业匹配的院系任职，而耶鲁 - 新加坡国立大学学院没有这样的问题。为什么？因为耶鲁 - 新加坡国立大学学院没有设置院系，而是将学科和院系的划分视为跨学科和多学科教学的障碍。

因此，在耶鲁 - 新加坡国立大学学院内，你很有可能找不到一位专门的经济学教授。相反，你可能会找到一位社会科学教授，她碰巧在大部分时间里都关注经济学相关的议题；同时，她可能会和一位碰巧关注环境议题的自然科学教授一起执教关于气候变化的课程。以我为例，2016 年在耶鲁 - 新加坡国立大学学院，我与我的朋友保罗·索尔曼（Paul Solman）共同教授一门关于社会不平等的课程，我深深地感受到，协作教学可以为学生提供整合度更高的知识。

耶鲁 - 新加坡国立大学学院的创新教育模式能否获得成功，现在下定论还为时尚早。扎卡里亚作为耶鲁大学管理层的一员，在决定开启耶鲁 - 新加坡国立大学学院的合作项目时就曾明确表示过可能存在的风险："它可能无法实现所有想法……而且，学院的研究自由需求与新加坡保守的政治制度之间存在矛盾，这可能会对项目造成破坏。"但无论如何，耶鲁 - 新加坡国立大学学院是一个雄心勃勃的尝试，它通过巧妙地平衡文理学科的关系，并将教育的方向由深度向广度倾斜，为现代通识教育提供了发展机会。正如该学院的首任校长刘易斯所指出的："特别是在信息商品化的时代，我们任务中的一个重要部分是为年轻人提供来自多元文化的故事、历史和思维模式。"简而言之，耶鲁 - 新加坡国立大学学院正在帮助未来的全球引领者用全球化知识武装思想，同时致力于构建跨学科的综合教育体系。

虽然耶鲁 - 新加坡国立大学学院在教育发展方面的实验已经走在了前面，

但更进一步的教育创新也在不断推进。2017 年 9 月，《高等教育纪事》（*The Chronicle of Higher Education*）中一篇题为《新通识教育》（*A New Liberal Art*）的文章指出，以系统性为导向的教育可能会成为通识教育的未来。该文章将系统性思维定义为“一门研究组织或问题基本构成之间的关系，并确定如何管理这些关系，以获得更好产出的学科”。虽然线性思维者相信，所有问题都存在直接的原因，你可以通过对各个组成部分的优化来实现对整体的优化；但系统思维者知道，问题可能存在隐藏的间接原因，各个组成部分之间的关系才是最重要的。

上述这篇文章着重介绍了一些以实用性和职业化为导向，能够为学生系统性思维的培养打好基础的院校，比如加利福尼亚州州立大学海事学院（California State University Maritime Academy），也称为加州海事学院（Cal Maritime），学生在那里学习如何在指挥系统内保持船只的机械元件运行良好、协调运作；美国烹饪学院（Culinary Institute of America），学生在这里学习如何处理突发事件，培养领导力，并学习环环相扣的人力和技术系统。

当然，还有许多新兴的在线教育也在努力平衡知识的广度和深度，其中最突出的是凯克应用生命科学研究生院（Keck Graduate Institute）的慕课学校密涅瓦大学（Minerva School）。密涅瓦大学的创始人斯蒂芬·科斯林（Stephen Kosslyn）在哈佛大学工作了 30 年，曾担任过该校的心理学教授、心理学系主任和社会科学院院长。

《大西洋月刊》一篇题为《大学的未来在哪里》（*The Future of College?*）的文章指出，在线教育“从本质上讲，正逐步消灭讲课、终身教职、橄榄球比赛、常春藤覆盖的建筑，以及研究型图书馆”。我们可以很容易地去理解这种描述：在线教育可以在全球任何一个角落进行。据报道，2017 年，密涅瓦大学只接受了 2% 的申请者，成为美国竞争力最强的学校之一。

在我看来，在密涅瓦大学的发展故事中，最有趣的部分是他们如何对学校进行定位。密涅瓦大学于 2017 年 11 月在其官方网站上发布了口号：“为了在全球不确定的时代取得成功，发展你的智力、塑造你的性格、学习实践能力。”也就是说，这所学校注重发展“广泛的知识和实用的技能”，一开始就强调了对实用性与广度的追求。全球意识是其强调的实用性的一部分，密涅瓦大学希望通过在旧金山、首尔、海得拉巴、柏林、布宜诺斯艾利斯、伦敦以及中国台北这 7 个地点建立虚拟校园，来培养学生的全球意识。在其官方网站上，每一门课程都会附带一份未来可从事职业建议。同样地，要定论这种教育方式是否真的平衡了深度和广度还为时过早，但它的确是个值得关注的创新。

“水是什么东西呀”

2005 年，麦克阿瑟天才奖获得者、作家、英语教授戴维·福斯特·华莱士（David Foster Wallace）在凯尼恩学院（Kenyon College）的毕业典礼上发表了演讲。在开场白后，他用一个简单而有力的寓言开始了他的讲话：“两条小鱼在水里游，对面游过来一条老鱼。老鱼见了小鱼，亲切地跟它们打招呼：‘早啊，小朋友们。今天的水怎么样啊？’小鱼们有礼貌地跟老鱼点点头，然后接着往前游。过了一会儿，其中的一条小鱼问另一条小鱼：‘哎，水是什么东西呀？’”华莱士说，这个故事告诉我们，最明显、最重要的事情往往是最难发现的。

华莱士淡化了思想武装的重要性，他指出：“与其说通识教育是用知识填满你的大脑，不如说是引导你学会如何思考……这里说的不是思考某个问题，而是选择思考什么问题。”华莱士的核心论点是，**我们都有能力以不同的方式去阐释现实，但具体如何阐释完全取决于我们自己的选择。**我们不必默认一同望向聚光灯指向的地方。

华莱士指出："这一部分教会了我如何思考的重要意义。稍微地，放低一点姿态；稍微地，质疑自我、百分百的确信。"接着，他解释和说明了所有人类与生俱来的自然的和字面上的自我中心主义，他说："我的所有经历都在支撑我的信念，即所有一切都应以我为中心；宇宙万物中，我最真实最重要……想想看，过去所有的经验都在告诉你：你才是世界的中心。你所经历的世界就在你的眼前、身后、左右……"

为了进一步阐释，华莱士用一个看似微不足道的例子来说明我们选择如何思考眼前发生之事会有怎样的影响：

> 我会在黄昏的车流中花一点时间，对那些巨大的、笨重的、特别碍事的SUV、悍马、皮卡心生厌恶。它们自私又耗能，正在消耗着油箱里的150升油。我可以详尽地说出一个自以为真的事实：那些有关爱国或宗教的保险杠贴纸总是贴在最大、最自私、最令人厌恶的汽车上，这些汽车由最丑陋、最不体贴、最好斗的司机驾驶着。

虽然选择用华莱士所说的方式思考问题并非罪大恶极，但这么做是极不理智的。我们需要对事件发生后脑海中立即蹦出来的念头保持质疑，因为这些念头可能并非真实或正确的。我们还需要考虑其他可能性，因为正如华莱士所观察到的那样，我们还可以有很多其他方式来思考或理解眼前之事。很有可能，"刚刚超我车的那辆悍马是由一位焦急的父亲驾驶，坐在他旁边的孩子受伤了、生病了，他想赶快带着孩子去医院。他比我迫切得多。事实上，反而是我挡了他的路"。

华莱士鼓励我们要对他人抱有同理心，在得出结论之前应当先考虑他人可能的经历。他说："如果你可以清醒地做出选择，你就可以做到从另外一个角度去看待结账队伍中的那个胖女人。她两眼呆滞、浓妆艳抹，对着自己的小孩大声吼叫。也许她平常不是这样的，也许她为了陪伴自己骨癌末期的丈夫，已经连续三晚没有睡觉了。”

从根本上讲，华莱士希望我们能够重新控制自己的思维，并能够与他人共情，不要让自己的默认假设和与生俱来的自我中心主义凌驾于其他解释之上。演讲接近尾声时，华莱士说：“真正重要的自由需要注意力、觉察力、自制力……否则就会进入下意识的默认设置、本能反应，在激烈且毫无意义的竞争中，在得与失的无限循环往复中痛苦沉沦。”华莱士指出，我们要意识到“什么是真实和必要的，它们始终隐藏在我们身边。我们必须不断地提醒自己：这是水，这就是水”。

我所认识的最能辨别“水”的人中有一个是基威特公司（Kiewit Corporation）的董事长、前 CEO 布鲁斯·格雷科克（Bruce Grewcock）。基威特公司是世界上最大的建筑公司之一，也是一家员工控股的企业。随着公司在过去几十年里不断发展，员工作为公司股东也从中大量获益。

当我在耶鲁大学执教商业伦理学时，我曾邀请过格雷科克和他的几个同事参与我的课堂教学，讨论基威特是否应该成为一家上市公司。探讨的情况不言而喻，如果公司上市，基威特的股东就会看到他们的股票价值翻倍，公司将获得更低的融资成本，额外的资金将使公司在大型项目的竞标中更具竞争力。此外，如果公司股权在公开市场交易，必要时能方便公司收购重组其他公司。

在让学生对这个话题进行充分思考和辩论，并提出各种各样的观点之后，我转向了格雷科克。“那么你到底怎么想呢？”他在随后的简短讨论中表明，他和其他股东都为自己是这个创造了伟大事业和传奇历史的成功企业的一员深感自豪。首先，他表示自己对于基威特公司的员工会建议公司上市这一观点持怀疑态度，因为每个员工都能意识到，上市会改变公司的文化。其次，员工不仅是公司的雇员，而且是主人，他们都明白上市所带来的风险直接关系到他们“钱袋子”的安全。

然后，格雷科克把手伸进他破旧的公文包里，拿出一页从杂志上撕下来的书页。这张书页已经磨损褪色、皱皱巴巴，显然陪伴他很久了。我还以为他要继续翻找其他东西，但他并没有。他小心地展开那张书页，并高举着让大家都看过来。

这张书页上刊登的是一款瑞士标志性手表百达翡丽的广告。广告图上是一对父子，并配有那句经典的广告语，格雷科克念道："你从未拥有过百达翡丽，你只不过是在为下一代保管而已。"他说，这就是他对基威特公司的感受。虽然他当时是公司的董事长、CEO 和最大股东，但他觉得，自己只是在为下一代照看这家公司罢了。他与许多其他成功的高管不同，格雷科克知道公司的所有权结构和历史发展背景对他和公司的成功起到了至关重要的作用；他也与许多普通人不同，因为他没有华莱士强调的那种天生内在的自我中心主义；格雷科克与我见过的其他几十位基威特公司的领导者一样，将自己视为一份伟大事业的一部分。他们能够辨别出周围赖以生存的水，我认为这种意识正是基威特公司超越大多数同行的主要原因之一。

华莱士的演讲意在让凯尼恩学院的毕业生跳出以自我为中心解释周围事件的默认方式。几年后，在富裕的波士顿郊区，韦尔斯利中学（Wellesley High School）的教师小戴维·麦卡洛（David McCullough Jr.）也试图向该校的毕业生传达类似的信息。

在大约 12 分钟的演讲过程中，麦卡洛对毕业生说："你们的毕业礼服……松松垮垮，都是统一的式样，而且只有一个尺码。不管你是男是女、个高个矮、勤奋还是懈怠，不管你是小麦肤色的舞会皇后还是最强的 Xbox 玩家，你们每个人都能看出来，你们穿着完全相同的衣服，而且你们的学位证书上除了名字不同，其余部分一模一样。这一切再正常不过了，因为你并不特别……你并非与众不同。"他接着说道："此时此刻，整个美国有超过 320 万名高中生从 37 000 多所高中毕业。这意味着，就此至少诞生了 37 000 名毕业生代表、

37 000 名学生会会长、92 000 名合唱团团员、340 000 名体育健将、2 185 967 双雪地靴……”

毕业生们紧张地笑起来，麦卡洛继续说，即使是万里挑一的尖子生，也意味着还会有成千上万的人和他具备相似的属性。他说，如果人人都是特别的，那就没人特别了。“如果人人都拿到奖杯，那奖杯就毫无意义了。”

麦卡洛指出，这个问题不是韦尔斯利中学的独有现象，而是在一个更广泛的社会中普遍存在的问题，他接着说：“现在的美国人总是喜爱赞美胜过真正的成就，这对我们的发展是有害的。我们把这些看得至关重要，而且一旦我们以为竞争就是最快的或者唯一的可以向周围人展示自己的方法，能让我们有资本装腔作势、自吹自擂，能帮助我们在社会图腾柱上爬到更佳的位置，我们就将乐于降低标准或无视现实。”在大学的申请资料中，“建造一座危地马拉诊所更多是为了申请鲍登学院，而非为了危地马拉人的福祉”。麦卡洛指出，若长此以往，我们只会贬低自身的真正价值，让每一分付出和努力都变得廉价。

他的最终建议是改变我们的焦点。这需要我们向内寻找动力，进行独立思考，不让他人的情绪驾驭和驱动我们的行为。他说：“登山不是为了在山顶插上旗帜，而是为了迎接挑战、享受新鲜空气、欣赏美景。只有爬上去，你才能看到世界，而不是让世界看到你。去巴黎就是为了感受巴黎，而不是为了划掉清单上的一个地名，庆祝自己又攻略了一个地方……只有当你意识到自己并不特别时，你才会体会到生命中最甜美的喜悦……因为，每个人都是特别的。”

麦卡洛的演讲告诉我们应该转移自己的焦点，这也表明要尽量减少华莱士所描述的默认的自然的自我中心主义，我们需要用不同的眼光看待世界，从而在人生的平凡之中看到不平凡。

不要浪费无知

现在，似乎每一本自感不赖的书都喜欢引用一句马克·吐温的妙语来为自身增光添彩，所以我很高兴我能在达成这一任务的同时，为读者提供一个真正有洞察力的评论。马克·吐温说："造成麻烦的并不是我们不知道的事，而是我们所知道的事并非我们所想的那样。"这就是为什么局外人或新手的观点那么有价值，这个观念在哲学家中也被广泛接受。禅师铃木俊隆曾说过："初学者的心空空如也，不像老手的心那样饱受各种习性的羁绊。他们随时准备好去接受，去怀疑，并对所有的可能性敞开心扉。"经验和专业知识可能会框死我们的思维，将某些可能排除在外，我们由此对自己认为知道的事物产生盲目的自信。

我认为，如果想要恢复常识，实现在 21 世纪自力更生，并从无处不在的信息过滤器中解脱，上述问题就是我们当前面临的最紧迫的挑战之一。虽然我们总是相信自己是自由的，但我们可能并没有发现自己一直都随波逐流。这并不是说我们完全不应该把焦点外包给别人，如果能在从善如流的同时保持清醒，那就完全没有问题。但盲目服从信息过滤器的行为与所有关于自由意志、自力更生或恢复主见的愿景都是背道而驰的。华莱士将这种情况称为"一种连囚犯自己都意识不到已被关起来的监禁"。

要想挣脱思想束缚，关键是以某种方式摆脱你根深蒂固的刻板模式，开始质疑你过去所确信的东西。**新视角不会从天而降，它需要元意识（meta-awareness）和正念（mindfulness）来打破那些过去在我们生活中占据主导地位的僵化套路。**这就是为什么重要的是退后一步并认识到，改变你在特定领域的焦点，甚至改变关注的专业范围，反而有可能获得新视角。你工作的焦点是股票吗？请考虑一下债务问题，甚至是其他国家的债务问题。你是一名心胸外科医生吗？请读一点关于皮肤病、营养学，甚至人畜共患疾病的知识吧。

像这样简单地转移焦点，可能会带来更多可以解决问题的新鲜视角。只有走完这些“弯路”，我们才能以开放的心态重新审视现有的挑战，这可能会带来当下所急需的突破。

为了说明无知和新鲜视角的力量，让我们看向埃及古城索尼斯－希拉克莱奥（Thonis-Heracleion）。考古学家和文化专家认为，索尼斯－希拉克莱奥是古代世界重要的宗教中心和贸易中心，也是特洛伊王子帕里斯将当时世界上最美的女人海伦劫持后停留的地方，但几乎没有证据表明这座城市曾经真实存在过。找不到某件文物或某栋建筑存在过的证据是一回事，但找不到某座城市存在过的证据就是另一回事了。根据一些人的猜测，由于海平面上升、地震等一系列自然灾害，这座城市沉入了海底；另一些人则怀疑，它是否真的存在过。

弗兰克·戈迪奥（Franck Goddio）是一名金融和经济顾问，曾在老挝、柬埔寨和越南为联合国执行过多次任务，还曾协助法国外交部做过沙特阿拉伯等国的金融顾问。戈迪奥在工作之余对水下考古非常着迷，曾在世界各地探寻沉船。

当戈迪奥听说埃及亚历山大附近有一座还未被考证的失落古城时，他立马迎向了这个挑战。面对这个困扰了专业人士数百年甚至数千年的考古问题，他开动了自己精通数学的脑筋，查阅了所有关于这座城市的古代文献，从而判断这座城市的大致位置。然后，戈迪奥花费了大概 5 年时间，用数学模型系统绘制了亚历山大海岸附近一片面积相当于巴黎大小的海域。他的这些早期发现将他推向了专业人士认为不太可能的方向。通过小规模的挖掘工作，他采集了数十个样本，并利用获得的数据完善了他的数学模型。

功夫不负有心人，2000 年，戈迪奥终于找到了失落已久的索尼斯－希拉克莱奥古城，这一发现堪称有史以来最伟大的考古成就之一。戈迪奥发现的宝藏数量巨大，需要数十年的考古工作才能完成挖掘。所有这些都得益于一位擅长数学的金融顾问。是否可能正是因为没有受过专业考古训练，戈迪奥才能够找到这座失落的古城呢？专业考古学家的经验是否造成了他们工作中的盲点，阻碍了他们获得像戈迪奥那样的成就呢？

无知值得珍视，有时缺乏某些经验比拥有片面经验更好。以在线支付平台贝宝（PayPal）为例，其联合创始人彼得·蒂尔（Peter Thiel）注意到，人们在传统银行业的经验越多，就越确信贝宝永远不会获得成功。从无知中产生的灵感火花是一种潜力巨大的未开发资源，它随机而耀眼，无法被刻意培养。

如果纯净的目光可以通过识别风险和发现机会来帮助我们驾驭不确定性，那么我们应该如何让自己的目光恢复如初呢？你可以认真考虑可能与你现有发展轨迹不一致的职业机会，就像铃木俊隆所说的那样："在初学者的大脑中有很多可能性，而在专家的大脑中却很少。"

请回忆一下我在前文分享的关于戴维·斯温森的故事，当他初到耶鲁大学管理基金会时并没有职业理财师的经验。事实上，斯温森曾多次告诉我，他最开始接到这个工作通知时还以为是恶作剧呢，因为他的到岗时间是 1985 年 4 月 1 日，所以这看起来更像开玩笑了。但他在耶鲁大学读博期间的学术顾问说服了他，甚至让他接受了降薪 80%，并从纽约搬到了纽黑文。他的新鲜视角很可能正是他回归第一性原理和独立思考的原因，而这两个因素在后来耶鲁长期投资模式的构建和发展中起到了至关重要的作用。

值得注意的是，职场有时不如学术界友好，充满了残酷的就业决策，但这并不意味着新鲜的视角无法生存。每一次对员工的招聘和解雇都是一次改变领导者固有假设的机会。乔布斯在 30 岁时被苹果解雇了，尽管当时他伤心极了，但后来他评价道："被苹果解雇是我这辈子经历的最棒的事情。"怎么回事呢？因为乔布斯摆脱了打在公司高管身上的聚光灯，他说："作为成功者的负重感荡然无存，取而代之的是创业者的轻松与释然，每件事都变得不那么确定了。"

每件事都变得不那么确定了？这听起来简直就像马克·吐温为安然度过不确定时期而开的良药。

乔布斯说，新鲜视角的获得得益于他过去根深蒂固观念的轰然崩塌，“我进入了生命中最富创造力的时期之一，在接下来的 5 年里，我创立了一家名叫 NeXT 的计算机公司、一家名叫皮克斯（Pixar）的公司，认识了一个优雅的女人，她后来成了我的妻子”。后来，皮克斯成为世界上最成功的动画工作室，而 NeXT 计算机公司被苹果收购，也让乔布斯重返苹果公司，推动了苹果公司产品和技术的复兴。乔布斯被解雇后因祸得福，得以从管理苹果公司日常工作的负担中解脱，获得了新鲜的视角，这可能促成了他的突破性思维。

对大多数人来说，当进入一个自身积累不多的全新领域时，最保险的工作方法便是着手对相关问题进行调研和学习。但让我们来看看，当时美国南卡罗来纳州州长妮基·黑利（Nikki Haley）在外交经验极其有限的情况下，是如何为担任美国驻联合国代表的新角色做准备的。黑利说：“我是一名外交政策新手，在代表这个位置上，我还有很多东西需要学习。我在来纽约之前学习了很多……但我故意没有研究联合国本身……原因是，我想保持自己以全新的视角来看待联合国的能力。”

从新鲜的视角观察旧的挑战也是一个发现商业机遇的好机会，以赫布·凯莱赫（Herb Kelleher）为例，他曾是一名特立独行的律师，后来投身商业，创立了西南航空公司。凯莱赫对于西南航空公司最初的构想诞生在与该公司另一名高管罗林·金（Rollin King）喝酒之时，他们一起在餐巾背面绘制了西南航空公司最初的三角形蓝图。三角形的三个点代表了休斯敦、达拉斯和圣安东尼奥，这三座城市之间的距离很尴尬。他们认为，这三座城市之间的交通是个让人头疼的问题，如果能给出足够便宜的选择，人们更愿意选择飞行而非驾车。

尽管凯莱赫是个狂妄自大、吸烟成瘾又嗜酒如命的家伙，但他关注到了业内竞争者没有注意的焦点。虽然大多数商业分析师和业内人士都在考虑通过进一步细分现有市场来争夺航空业的蛋糕，但凯莱赫和罗林·金将目光投向了开车的人，他们认为，提供廉价的航空服务对更多的人是存在吸引力的。也就是说，他们将焦点放在了潜在客户身上，与其争抢蛋糕，不如做大蛋糕。他们认为，把这三座城市之间的差旅市场仅限于目前在这些城市之间飞行的人是错误的。于是，西南航空公司决定与长途巴士、自驾和其他航空公司一较高下。在某些方面，凯莱赫和前文提到的拉斯韦加斯金沙集团的谢尔登·阿德尔森很像，他们都将焦点放在了潜在客户身上，而不是争夺现有客户。西南航空公司通过吸引新的客户做大蛋糕。和斯温森一样，凯莱赫没有求助于哈佛商学院的成功案例或其他现有模式，而是通过独立思考来构建他的商业版图。坦白地说，他和罗林·金都是新手，在航空领域几乎没有任何经验，但他们有着对这个行业的新鲜视角。

那么，情况的后续发展如何呢？这么和你说吧，在西南航空公司所到之处，通常很快会有三件事同时发生：首先，该公司航线覆盖区域的机票价格会立即暴跌；其次，随着旅客人数的增加，航线覆盖区域的交通量会急剧增加；最后，该公司发展出了一大批忠实的客户。这样的成功模式在美国遍地开花，以至于越来越多的城市向西南航空公司伸出橄榄枝，邀请其与当地机场建立合作。这一切成功都源自新鲜的视角和思维。

现在，让我们转向另一种情况。有一个人在某个特定领域毫无经验，却被赋予了一项看似不可能完成的任务。他不知道有什么好办法，于是执着地四处寻求解决方案。这个人的执着拯救了 33 名被活埋之人的生命，被盛誉为一个现代奇迹。通过分析其寻求解决方案的过程，我们就可以发现，这也是一个新鲜视角立了大功的故事。

自 1889 年以来，人们一直在圣何塞的矿场开采黄金和铜矿。在位于智利阿塔卡马沙漠的一座死气沉沉的山中，有一座 24 小时昼夜不停开工的矿场。

在寸草不生的沙漠中，唯一可见的生物是从一班又一班的卡车和公共汽车上涌向矿场的矿工。我曾去过阿塔卡马沙漠，尽管这个地方有着夺人心魄的美景，但它也会给人一种路远迢迢、死气沉沉的感觉。

与沙漠的无边无际形成强烈对比的是，矿井里的生活局限在从地表往下数百米的狭小隧道和坡道之内。2010 年 8 月 5 日，一块重达 70 万吨的巨石发生松动，山体坍塌引发了矿洞塌方，33 名矿工被困井下。

在数百公里之外，新上任的智利矿业部长劳伦斯·戈尔本（Laurence Golborne）在当晚 11 点收到了一条信息："科皮亚波的矿洞，33 名遇难者。"戈尔本在上任前是一名企业高管，在采矿领域没有任何经验。他的智囊团负责人表明，此前从未有过矿业部长亲自视察矿难现场，基于无法估量的政治风险，她反对戈尔本亲自前往现场视察。尽管如此，戈尔本还是决定亲自前往现场。

"采矿业是我在政府工作中的主责业务，"戈尔本后来解释道，"虽然我没有矿业背景，但我问自己在这样严峻的情势下，我要做些什么才能帮到他们。我明白，我必须站在第一现场。"

8 月 7 日，就在他抵达的当天，一名救援人员私下与戈尔本分享了他的想法："底下一定无人生还了……如果还没死，也快了。"因为救援专家探测后发现，一块万吨级的巨石横贯在矿道中，堵住了逃生路线，这使矿工的生存概率微乎其微；此外，山体坍塌使现场状况一直不稳定，救援人员进入矿井也非常危险。然而，面对如此恶劣的局面，戈尔本拒绝就此放弃。

救援工作持续进行着，人们的希望一次次升起，又一次次坠落。终于，钻头打到了矿工可能所在的避难区附近，当又一次钻头升起时，人们发现在钻头上有新的红色标记，还挂着几张纸片，其中一张写着："我们 33 名矿工都在避难所里且情况良好。”

戈尔本并没有松懈下来，他立即把焦点从找到矿工转移到了拯救矿工之上。他咨询了美国国家航空航天局（NASA）和智利海军关于在狭小幽闭的环境里生活的心理和生理问题，并决定用胶囊式起吊装置将矿工拉到地面上。社会各界也尽可能地提供支援，营养学家考虑到了没有光照导致的维生素 D 缺乏问题，医生则建议受困人员规律睡眠以帮助稳定情绪。戈尔本聘请了来自世界各地的多家钻井承包商协同作业实施救援工作。矿井坍塌 69 天后，全球超过 10 亿人通过直播目睹和见证了从新钻的竖井中一个接一个缓缓升起的救生舱，33 名受困矿工一个不落都重新回到了地球表面！经此一役，戈尔本在人民心中的地位飙升，甚至曾以 95% 的支持率短暂地成为总统候选人。

救援成功的喜悦值得一再庆祝，人们通过著书立作，拍摄电影、纪录片等来纪念这次胜利。这是一个伟大的奇迹，从根本上说，这要归功于戈尔本为这项救援任务带来的新鲜视角。事实上，很有可能正是因为戈尔本对矿业生产和事故救援缺乏经验，所以他才能够坚持施救，并获得最终的胜利。在过去发生的许多矿难事故中，救援工作大都以失败告终，如果戈尔本有几十年的采矿经验，深知井下复杂的施工条件，甚至参与过多场无人生还的矿难救援工作，他还会像这次事故中那样坚持施救吗？或者，如果戈尔本因为有了丰富的矿业经验，所以在这次事故中凭借经验进行救援，而不是像现实中那样参考各方专家的建议，结果又会怎么样呢？

作为本次救援工作的主要领导者，戈尔本显然在面对这次突如其来的事故时是毫无准备的。戈尔本毕业于智利顶尖大学的土木工程系，随后成为一名商人。在这次矿难发生前几个月，他才刚刚进入政府系统负责矿业的相关工作，在此之前，他曾担任智利最大零售连锁企业桑科萨（Cencosud）的 CEO。截至 2009 年戈尔本卸任 CEO 时，该公司雇用了超过 10 万名员工，营业收入超过 100 亿美元。这个经营业绩令人印象深刻，但经营一家零售公司与试图拯救 33 个被活埋的人有天壤之别。然而，是否正是因为戈尔本在采矿作业和矿难救援方面的无知，才让他保留了开放性思维，从而制订了更完善的救援方案呢？

在与戈尔本的一次谈话中，我请他总结一下从这次经历中所获得的经验，以及对更多事件具有普遍价值的指导思想。他的一个答案直击要点，体现了开放性思维的本质，他说："我让专家说话。"然后，他描述了自己的一种本能，这种本能使他能够在利用自己需要但缺乏的专业知识时保持控制力，他说："我有一种能力，可以分辨人们什么时候是真的懂行，什么时候是在不懂装懂。"也就是说，他其实是将焦点从人们谈论的内容转移到了谈话的人身上。

戈尔本成长于极端冲突的家庭，这令他能够接受别人可能会立即拒绝的观点，比如在救援过程中听取心理医生的建议，在钻头上装上紧急呼叫按钮。他收到了很多施救相关的电子邮件，有些想法确实不错，有些则不着边际，但他都一一阅读。戈尔本的开放态度在很大程度上是一种非采矿专业人士在面临专业挑战时采用的新鲜视角，它显然在拯救 33 名被困矿工的生命上起了至关重要的作用。

请让我再举一个例子。1977 年，一名经济学研究生发现自己学习的课程"过于量化和理论化，很少注重实际应用"，于是他心怀不满地退学了。退学后，他在匹兹堡国家银行（Pittsburgh National Bank）找到了一份管理培训生的工作。在工作几个月后，他接到了信托部经理的电话，经理问他是否有工商管理硕士学位，他回答没有。经理的回答令他意想不到："那就更好了！来吧，你有新工作了。"

因此，这位管理培训生得到了一个股票分析师的职位，负责银行和化工板块的股票。他立马接受了这个职位邀请，因为放贷部的负责人告诉他，他不具备成为信贷员的条件。因此，匹兹堡国家银行投资总监斯佩罗思·德勒斯

（Speros Drelles）便获得了一名新的股票分析师斯坦利·德鲁肯米勒（Stanley Druckenmiller）。

在德鲁肯米勒成为股票分析师一年后，德勒斯把他叫到自己的办公室，告诉他自己要给他升职。这位25岁的股票分析师随后成为该银行股票研究主管。正如德鲁肯米勒后来回忆时谈到的那样："此举令人难以置信，因为我当时的上司已经在银行供职25年，年龄在50岁左右。除此之外，所有其他分析员都有工商管理硕士学位，而且在银行的工作时间都比我长。"在杰克·施瓦格（Jack Schwager）所著的《新金融怪杰》（*The New Market Wizards*）中，德鲁肯米勒回忆了他和德勒斯当时的对话：

> "你知道我为什么这么做，不是吗？"德勒斯问道。
>
> "不，我不知道。"我回答。
>
> "就像他们为什么会把才满18岁的新兵送上战场那样。"
>
> "这是为什么？"我问。
>
> "因为你和他们一样青涩莽撞，还没有学会墨守成规。"德勒斯继续说道，"小盘股已经经历了10年熊市，我认为在未来10年的某个时候会迎来一轮流动性驱动的大牛市。坦率地讲，过去的10年给我留下了很多创伤，而你没有经历过。我认为，我们会是很棒的搭档，因为你的稚嫩和零经验不会让你在这个机会中缩手缩脚。"此外，德勒斯在提到我的上司、时任股票研究主管时评价道："他就和我一样陈腐。"

一年后，当德勒斯离开银行时，德鲁肯米勒这位年轻主管的周围都是经验丰富、比他年长的高管，他们都在伺机争抢德勒斯留下的空缺。人们普遍认为，德鲁肯米勒能保住饭碗就已经非常幸运了，更不用说继续升职了。但正如德鲁肯米勒所指出的，他拥有好运，加上缺乏经验，这一切为他这颗金融明星的冉冉升起创造了完美的条件。德勒斯离开后不久，伊朗就发生剧变，时任伊朗国王被推翻了。德鲁肯米勒回忆道："我决定把 70%的资金投入石油类股票，剩余部分投入国防类股票。这样做对我来说顺理成章，我并没有考虑其他问题。当时，我还不理解什么是分散化。"不到一年，德鲁肯米勒就拿下了投资总监的职位。

德勒斯是德鲁肯米勒的第一位导师，后来德鲁肯米勒开始与乔治·索罗斯（George Soros）合作。在仔细分析了英镑相对于德国马克的价值之后，德鲁肯米勒对德国马克的升值信心倍增，决定下大赌注。德鲁肯米勒在 2015 年的一次演讲中回忆道，他与索罗斯关于增加赌注的谈话并没有如他预期的那样顺利。德鲁肯米勒向索罗斯解释为何他想那晚动用 100% 的仓位卖出价值 55 亿美元的英镑并买入德国马克，索罗斯回应道："这是我听过的最荒谬的投资。你所说的是一个千载难逢的单向投机机会。我们应该加杠杆到 200%，而不是 100%。你知道这样的机会多久才会出现一次吗？二十年！你傻了吗？"这又是一次学习分散化的机会。

最终，索罗斯告诉德鲁肯米勒，正如塞巴斯蒂安·马拉比（Sebastian Mallaby）在《富可敌国》（*More Money Than God*）一书中所描述的那样，德鲁肯米勒"应该给对方致命一击"，去做空价值 150 亿美元的英镑。这次交易大获成功，他们的基金净赚了超过 10 亿英镑。

自那次交易以后，德鲁肯米勒一直保持着无与伦比的投资纪录，直到 2010 年，他才金盆洗手。根据那些熟悉他并看过他业绩报告的人的说法，在 1980 年至 2010 年间，投资德鲁肯米勒获得的收益比投资沃伦·巴菲特或其他任何一位基金经理都要多。那么，这一系列成功的原因是什么呢？我认为，德鲁肯米勒如此成功的主要原因之一是，他能够不断刷新自己的视角。他学会了相信自己的洞察力，而不是依赖他人，因此他的行为比他人更符合现实。如果没有凭借他最初的运气和在资金管理方面的经验缺失带来的升职机会，他是否可能会顺势成为匹兹堡国家银行的信贷员，而不是美国最受尊敬的金融家和慈善家之一呢？也许我们都可以从他的经历中获得启发，并尽最大努力，正如贝宝的创始人彼得·蒂尔所呼吁的那样，不要浪费我们宝贵的无知。

广度会有一天胜过深度吗

若要谈起谁对成就一番事业的天时地利人和最有心得，马修·温克（Matthew Winker）绝对是我目力所及的其中之一，他颇有成就，也见多识广。作为彭博新闻社（Bloomberg News）的创始主编，温克有意识地努力迎合那些利害攸关的人。他的工作方法值得琢磨分析，因为我相信，它在许多情况下对我们都具有普遍的适用性。

我与温克已相识超过 10 年。我在耶鲁大学和哈佛大学任教时，他参与过很多次课程讨论。我们一起吃过很多顿饭，也喝过很多次咖啡，多次讨论市场动态和经济局势。我最喜欢的是他视野和知识的广度，那实在令人惊叹。我们讨论过功能医学和注射用维生素在帮助个人克服慢性健康问题方面的潜力，也讨论过印度中产阶级的发展趋势及其对新兴市场投资者的影响，他还和我分享过从零开始建立一个新闻机构的经验与教训。在我于哈佛大学肯尼迪政治学院举办的一次研讨会上，他还发表了题为《Twitter 时代的真相》（*Truth in an Age of Twitter*）的演讲，这个演讲精彩极了，其中，对于在当今全球经济高度互联互通的背景下，精确性和速度需求之间的矛盾，他做了严谨详尽的梳理。

温克对新闻事业有清晰的思考，以至于他的大作《彭博之法：记者和编辑指南》（*The Bloomberg Way: A Guide for Reporters and Editors*）自 1990 年首次付梓后，至今已经重印和再版了十几次。温克在商业和金融新闻领域颇具影响力，斩获多个奖项，包括纽约金融作家协会（New York Financial Writers Association）为表彰其“对金融新闻领域的长期重大贡献”而颁发的埃利奥特·V. 韦尔奖（Elliot V. Well Award）、美国国家电视艺术与科学学院（National

Academy of Television Arts and Sciences）在新闻与纪录片艾美奖中颁发的终身成就奖、杰拉尔德·勒布基金会（Gerald Loeb Foundation）因其“在商业、金融和经济新闻写作方面的杰出职业成就”而颁发的终身成就奖，以及一系列其他荣誉。

我相信，温克成功的关键在于，他是个通才。我在此想再次说明，通才是那些拥有广泛而渊博的知识储备，且不会在任何一个专精狭窄的知识领域自视为专家的人，他们在心理上更容易接受那些与自己相去甚远，甚至截然不同的想法和观点。同时，他们还会利用那些比他们在某些领域更有知识的人们来增益自己的不足之处。也就是说，他们似乎更清楚自己的短板所在，也很明白有大量的信息是他们不知道自己不知道的。

我们在 2019 年有过一次对谈，讨论应对不确定性时广度和深度的相对价值，温克将上述理念清晰地表达了出来。他说：“如果新闻业本质上是捕捉和提供无数惊喜的视角，那么通才的优势就在于，他们深知自己对所有事情都了解得不够，这使他们能够永远保持好奇，并愿意去挑战主流假设。”温克不仅是一个能够平衡广度和深度的人，而且擅长将许多人认为不相关的信息点连接起来，并且帮助其他人也用这样的方式去观察世界。就是在这样的处世理念和工作方法的驱动下，经他之手，彭博新闻社得以从迈克尔·布隆伯格（Michael Bloomberg）脑中的一个稍具雏形的想法发展为世界上有史以来最强大的经济、商业和金融新闻机构。

我们都可以向温克学习。我们要将信息纳入更广泛的背景中考虑，这一点至关重要。它有助于人们意识到，有些人比我们了解得更多，并使我们能够正确看待专家和他们提出的意见。谦逊可以让人们对新信息保持开放态度，从而激发人们对基本假设的本能质疑。随着世界变得越来越复杂和相互关联，广度是否会很快胜过深度呢？

做有主见的人

- 我们需要恢复对常识的信任，专家和科技只是对我们思维的补充，而不是替代。
- 我们都有能力以不同的方式去阐释现实，但如何具体阐释完全取决于我们自己的选择。
- 新视角不会从天而降，它需要元意识和正念来打破那些过去在我们生活中占据主导地位的僵化套路。
- 有时缺乏某些经验比拥有片面的经验更好。
- 从无知中产生的灵感火花是一种潜力巨大的未开发资源，它随机而耀眼，无法被刻意培养。
- 谦逊可以让人们对新信息保持开放态度，从而激发人们对基本假设的本能质疑。

THINK
FOR
YOURSELF

结 语

让专家与 AI 随时待命，找回主控权

目前来看，本书讨论的许多压力并没有消失的迹象。信息、数据和选择将会继续以指数级增长，让我们越来越窒息。昨日有太多不知道的，今日有更多，明日还有更多，我们永远无法赶上信息、选择的增长速度。

然而，面对铺天盖地的选择，优化决策的承诺一如既往地诱人。所有要素都在暗示我们存在一个完美的选择，它能带来最好的结果，这就让我们总是害怕自己会错过这个完美选择。但由于我们无法自行优化每一个决策，所以只能抱着极高的期待，向那些比我们更了解决策领域的人寻求帮助。

然而，这些看似能救我们于水火之中的专家和技术，本质上具有局限性，甚至在某些情况下存在致命的结构性缺陷。这个问题源于精深窄化的焦点，这样的焦点发展出专门化和专业化，它们会阻碍我们独立思考、理解宏观决策背景。通过求助专家、技术，我们最终将自己焦点和思维的主控权转交给了那些

对我们具体情况不甚了解的人。随着我们自力更生能力的不断萎缩，我们越来越依赖并盲目听从专家和技术的指导。最终，在过度聚焦的专家和技术的指导下，我们得到的结果只能是次优选择。

如果要阻止这种盲目服从的决策外包情况愈演愈烈，我们就必须学会主动管理焦点。我们要先意识到信息过滤器和焦点管理者的存在，我们原本是利用它们来过滤掉所谓的噪声。通过后退一步纵观全局、横向对比动态等不同的思考视角来转移我们的焦点，这是一种有意识重新找回主控权的方法。也就是说，我们需要质疑焦点管理者制定的决策框架。

由于专家和技术不甚了解我们的决策领域和终极目标，因此他们只能优化我们所面临的即时任务。的确，他们能够帮助我们赢得一场或数场战斗，但如果无法完成终极目标赢得整场战争，阶段性任务和战斗的胜利就丧失了价值。因此，我们需要始终保持以终极目标为导向，不要让专家和技术转移我们追逐终极目标的目光。

除了专家和技术，另一个阻碍我们独立思考的因素是对惯例、先例、规则的遵循。真正的独立思考是伴随着风险的，因此人们倾向于少做少错。然而，正如我们在戴维·斯温森和特丽莎·托丽的例子中看到的，打破常规不但可以最大程度地降低风险，而且可以创造更多机会。

然而，因为包括我们自己的视角在内，每个视角都包含偏见，是不完整的，所以使用多个视角并从多方面反复验证就非常有意义。我们需要共情他人，并在不同的时间框架内扮演不同的角色。除此之外，为自己设置一个专门的魔鬼代言人，反转视角进行事前分析，都是有助于消除偏见的策略。

归根结底，我们所谈论的一切都是为了找回主控权。这意味着我们必须学会管理的艺术。尽管有局限性，但专家和技术依然是必不可少的。我们应该让专家为我们的决策随时待命，而不是将他们奉若神明。我们应当将自己视为艺术家，对自己将要完成的“马赛克画作”了然于胸，一片一片地将瓷片填到相应位置。专家是瓷片供应商，我们应该根据完成画作的终极目标，决定如何去使用这些瓷片。

现在，是时候重新思考许多社会中存在的固有假设了。我们注重深度，但过犹不及。我们是否也应该重视广度呢？我们尊崇那些具有深厚专业知识的人，但是否也应该对那些具有广阔视野的人报以同等的尊敬与欣赏呢？此外，基于现代生活中无所不在的不确定性，我们必须学会接受模糊性，并学会如何应对各类情景中可能出现的状况。我们必须思考多种未来可能性，培养创造性想象力，将不可避免的意外带来的负面影响降到最低。从根本上讲，我们需要重新学习独立思考。

独立思考的风险从未像当今时代这般高。斯蒂芬·佩特诺特（Stephan Paternot）是即时通信网站 TheGlobe 的创始人，几十年来一直是社会技术趋势的敏锐观察者。佩特诺特曾发表以下评论：“现在涌现出了少数集中的玩家，他们控制着科技世界，这导致透明度下降、数据过度收集，以及个人隐私信息的武器化等问题，严重损害个人利益。”

如果你认为佩特诺特是一个阴谋论者，那么请考虑以下几个事实。Google 拥有数十亿的安卓用户，而所有用户的设备都会将他们的数据持续发送回 Google。这些数据是什么样的呢？事实证明，大多数设备都配置了气压传感器、陀螺仪、加速度计和磁场探测器。因此，除了与你使用设备有关的数据之外，Google 还可以计算你的心率、移动速度等。事实上，正如《纽约客》的一篇文章所指出的，“这种持续不断的信息流让你的手机可以追踪你是睡着还是醒着，你是开车、散步、慢跑还是骑自行车，你是在一楼的星巴克还是在十楼的律师事务所”。

上述事实就是哈佛商学院教授肖沙娜·朱伯夫（Shoshana Zuboff）所说的监控资本主义（surveillance capitalism）的基础，在这种资本主义中，大公司利用他们收集到的个人信息来决定我们现在、不久以后或未来要做些什么。正如她在接受《卫报》的采访时所解释的那样，这些公司所掌握的权力“篡夺了个人的决策权，破坏了个人的自主性”。从根本上讲，大型科技公司似乎是在为你考虑，但糟糕的是，它是在引导你按照它的想法行事。

通过使用特定的算法，Google、Facebook和亚马逊等公司能够以潜移默化的方式影响你的决策。他们通过管理你的焦点，对信息进行过滤，设定了你的决策框架。朱伯夫用更严厉的措辞描述了这个问题，强调了监控资本主义对人类造成破坏的巨大能量，她说：“这里废除的是我们对未来时态的权利，而那是自由意志的本质……如果没有行动和思想上的自主性，我们几乎没有能力进行民主社会必不可少的道德判断和批判性思考。”

我们正处于一个严峻的转折点上。在专家和人工智能日益占据主导的时代，批判性思考的能力和道德判断的表达比以往任何时候都更重要。独立思考可以预防许多问题，甚至可以帮助我们抵御大型科技公司对我们主见的剥夺。

电影《铁娘子》（*The Iron Lady*）中有这样一幕，耄耋之年的撒切尔夫人和她的医生在一起，医生问她感觉如何，她回答道：“人们不再思考问题，他们靠感觉……我们这个时代最大的问题是我们的领导人过于注重感觉，忽视想法和理念。想法和理念才是我真正关心的……问问我在想什么！”

于是，医生问：“你在想什么？”

撒切尔夫人用她在实际生活中说过的一句最令人难忘的话来回应：“注意你的思想，因为它将变成言辞；注意你的言辞，因为它将变成行动；注意你的行动，因为它将变成习惯；注意你的习惯，因为它将变成性格；注意你的性格，因为它将决定你的命运。思想决定我们能变成什么。”

鉴于独立思考的重要性，我们需要保护自己免受专家和技术的过度影响，因此，需要对它们进行有效管理。在思考如何对它们进行管理时，我们可以学学世界上最成功的管弦乐队指挥之一所采取的方法。德国默克爱乐交响乐团前任指挥沃尔夫冈·海因策尔（Wolfgang Heinzel）在汇集各种专家的能力制作灵感音乐方面拥有数十年的经验。他解释说，“即使是大师也无法演奏所有乐器”，因此需要依靠各位弦乐、木管乐器、铜管乐器和打击乐器的演奏者通力配合。在谈到他的团队时，海因策尔指出：“他们了解自己的乐器，他们知道如何表演好自己的部分……但现在我必须把所有这些都结合在一起。”

海因策尔的话听起来就像21世纪的生活，每个人都知道自己的角色，但我们必须把所有人结合起来。我认为，指挥家这一角色的作用就是认真地领导一群专家，将他们的技术和能力融为一体，形成和产出某种无论是指挥家还是演奏者通过自己单干都无法实现的东西。难道这不正是我们应该做的吗？我们可以尝试通过整合专家和技术的能力来发挥我们的潜力，从而成为自己生活的指挥家。

信息要点无处不在，我们必须学会的最本质的、可持续的能力是将它们联系在一起。我们应当时常抬起头来看看自己所处的环境，不断质疑那些被认为“真实”的假设，独立思考，而不是盲目地依赖他人的意见。在我看来，这个做法是现代常识。正如传奇生物学家爱德华·O. 威尔逊（Edward O. Wilson）所言：“世人被信息淹没，却渴望智慧。今后这世界将被整合者主宰，他们能在对的时间整合对的资讯，对它做批判性思考，并明智地做出重要抉择。”

由此可见，未来属于独立思考的人。

参考文献

考虑到环保的因素，也为了节省纸张、降低图书定价，本书编辑制作了电子版的参考文献。请扫描下方二维码，直达图书详情页，点击“阅读资料包”获取。

未来，属于终身学习者

我们正在亲历前所未有的变革——互联网改变了信息传递的方式，指数级技术快速发展并颠覆商业世界，人工智能正在侵占越来越多的人类领地。

面对这些变化，我们需要问自己：未来需要什么样的人才？

答案是，成为终身学习者。终身学习意味着永不停歇地追求全面的知识结构、强大的逻辑思考能力和敏锐的感知力。这是一种能够在不断变化中随时重建、更新认知体系的能力。阅读，无疑是帮助我们提高这种能力的最佳途径。

在充满不确定性的时代，答案并不总是简单地出现在书本之中。“读万卷书”不仅要亲自阅读、广泛阅读，也需要我们深入探索好书的内部世界，让知识不再局限于书本之中。

湛庐阅读 App：与最聪明的人共同进化

我们现在推出全新的湛庐阅读 App，它将成为您在书本之外，践行终身学习的场所。

- 不用考虑“读什么”。这里汇集了湛庐所有纸质书、电子书、有声书和各种阅读服务。
- 可以学习“怎么读”。我们提供包括课程、精读班和讲书在内的全方位阅读解决方案。
- 谁来领读？您能最先了解到作者、译者、专家等大咖的前沿洞见，他们是高质量思想的源泉。
- 与谁共读？您将加入优秀的读者和终身学习者的行列，他们对阅读和学习具有持久的热情和源源不断的动力。

在湛庐阅读 App 首页，编辑为您精选了经典书目和优质音视频内容，每天早、中、晚更新，满足您不间断的阅读需求。

【特别专题】【主题书单】【人物特写】等原创专栏，提供专业、深度的解读和选书参考，回应社会议题，是您了解湛庐近千位重要作者思想的独家渠道。

在每本图书的详情页，您将通过深度导读栏目【专家视点】【深度访谈】和【书评】读懂、读透一本好书。

通过这个不设限的学习平台，您在任何时间、任何地点都能获得有价值的思想，并通过阅读实现终身学习。我们邀您共建一个与最聪明的人共同进化的社区，使其成为先进思想交汇的聚集地，这正是我们的使命和价值所在。